本书由浙江海洋大学资助出版

海洋工程建设项目管理

李　涛　颜路梦　田槐湘　陈　维 **编著**

武汉理工大学出版社

·武　汉·

作 者 简 介

李涛,湖南省华容县人,教授,工学博士,硕士研究生导师;2009 年入选衢州市"115人才工程第二层次"及浙江省"151人才工程第三层次";共发表各类论文 40 余篇,先后参与和主持国家自然科学基金、省市科技攻关课题项目 10 余项,有国家发明专利 6 项,出版学术专著 3 本;长期从事交通运输工程领域的教学与科研工作;近期研究兴趣主要集中于海洋工程混凝土结构物耐久性和国际工程项目管理。

图书在版编目(CIP)数据

海洋工程建设项目管理/李涛等编著.—武汉:武汉理工大学出版社,2020.6
ISBN 978-7-5629-6141-3

Ⅰ.①海… Ⅱ.①李… Ⅲ.①海洋工程-项目管理 Ⅳ.①P75

中国版本图书馆 CIP 数据核字(2019)第 223584 号

项目负责人:高　英		责任编辑:高　英
责 任 校 对:李正五		排版设计:正风图文

出 版 发 行:武汉理工大学出版社
社　　　　址:武汉市洪山区珞狮路 122 号
邮　　　　编:430070
网　　　　址:http://www.wutp.com.cn
经　　　　销:各地新华书店
印　　　　刷:武汉市籍缘印刷厂
开　　　　本:787×1092　1/16
印　　　　张:12.5
字　　　　数:320 千字
版　　　　次:2020 年 6 月第 1 版
印　　　　次:2020 年 6 月第 1 次印刷
定　　　　价:48.00 元

前　言

　　海洋工程建设项目管理是一门系统理论的学科,是集海洋专业知识、运筹学、经济学等多种学科理论的新型学科。近年来国内外工程管理的学术研究与实践不断发展,在新时代海洋强国战略的推动下,我国海洋资源开发和装备设施建设不断发展,海洋工程项目内容及类型逐渐丰富,海洋工程项目管理在工程管理中显得愈加重要;海洋工程建设项目管理作为工程项目管理的一部分,既有常规工程项目管理的特色,又有海洋工程相关专业知识。

　　本书系统介绍了海洋工程建设项目的管理理论、方法和技巧,主要包括:工程项目及海洋工程项目管理的基本概念,海洋工程项目管理的组织理论,海洋工程项目管理团队建设,海洋工程项目目标控制理论,海洋工程项目风险管理,海洋工程项目策划,海洋工程项目融资管理,海洋工程项目方案管理,海洋工程建设项目采购管理等。本书各章节开篇均有导读内容,章后均列有工程实例,便于读者抓住要点,提高学习效率。

　　本书由浙江海洋大学资助出版,在编写过程中结合编者多年的工作实践、教学经验与研究工作,遵循行业最新的标准与规范,通过工程实例,帮助读者学习运用相关理论知识,使得读者对海洋工程项目管理的学习更深入有效。

　　由于编者水平有限,书中难免有不足之处,敬请各位读者及同行批评指正。

　　值本书出版之际,谨向本书做出贡献的研究生、工程师及各界朋友表示真心感谢,也对本书引用文献的专家学者表示感谢!

李　涛

2019 年 7 月

目　　录

1　绪　　论

【本章核心概念及定义】

1.项目与项目管理的定义,包括其特点;

2.国内外项目管理发展现状;

3.海洋工程项目管理。

 案例导读

港珠澳大桥于 2009 年 12 月动工建设,跨海逾 35 千米,相当于 9 座深圳湾公路大桥,为世界最长的跨海大桥;大桥有 6000 多米长的海底隧道,施工难度世界第一。港珠澳大桥建成后,使用寿命长达 120 年。

港珠澳大桥的顺利建成与管理人员的有效控制密切相关,正是因为其建设过程中做到了行之有效的项目管理,港珠澳大桥才能成为世界级的跨海桥梁。

1.1　项目与项目管理的概念

项目管理(project management)是一个很宽泛的概念,它包含两个部分,一是项目,二是管理。项目是管理的对象,而管理是项目有效运作的手段,这两者互为表里。项目管理不可能避免所有的问题,但是它能够在科学的决策和运行体系下,不断优化已有的项目进程,从而使得项目尽可能地减少失误,避免损失。本章将就项目与项目管理这两个概念分别展开论述。

1.1.1　项目的定义和特点

项目自古有之,源远流长,存在于日常生活的各个方面。在经济、文化和科技等领域都存在着项目,如工程建设项目、航空航天项目、社会公益项目、文化娱乐项目等。项目正在逐渐成为社会生活的重要组成部分。

1.1.1.1　项目的定义

关于项目的准确定义,国内外学者的说法并不完全相同,以下是目前较为主流的项目定义。

美国项目管理协会(project management institute,PMI)认为,项目是为完成创造独特的产品、服务或成果而进行的临时性工作。项目可以创造一种产品或一种能力(能用来提供某些服务)或一种成果。

德国标准化委员会(DIN)制定的工业标准 DIN 69901—1—2009 认为,项目是指在总体上符合下列条件的唯一性任务:①具有预定的目标;②具有时间、财务、人力和其他限制条件;③具有专门的组织。

我国国家标准《质量管理体系 项目质量管理指南》(GB/T 19016—2005)定义项目为:具有独特的过程,有开始和结束日期,由一系列相互协调和受控的活动组成的任务。其过程的实施是为了达到规定的目标,包括满足时间、费用和资源等约束条件。

中国项目管理知识体系中对项目的定义为:项目是为实现特定目标的一次性任务。项目驱动于目标,其本质是任务。

英国的罗德尼·特纳(Rodney Turner)等学者认为项目是一个临时组织,利用分配给该组织的资源进行工作,带来有益的变化,并认为项目有三个本质的特性:临时性、收益性、变化性。

我国的丁士昭等学者认为项目是一种非常规性、非重复性和一次性的任务,有着确定的目标和确定的约束条件。

1.1.1.2 项目的特点及目标

从诸多的项目定义要素中,我们可以得出项目具有以下几个特点:

(1) 目的性:项目的运作是为了完成一个确定的目标。

(2) 约束性:项目都具有一定的约束条件(时间、费用和质量等)。

(3) 唯一性:每个项目都有自己的特性,即使是相同类别的项目也存在着一定的差异。

(4) 带有日期限制的生命周期性:每个项目的运作都有确定的起始点,在一段有限的时间内存在,且不会循环往复,具有不可逆性。

(5) 相互依赖性:项目都是由多个部分组成的,各部分要能够彼此联动,统筹兼顾,才能达到最大效益。

(6) 不确定性:项目运作中会存在诸多的不确定因素。

(7) 资源依赖性:项目的运作需要一定的资源(资金、设备、材料、人力等)作为基础,对资源具有较大的依赖性。

(8) 冲突性:项目中的很多关键因素常常彼此之间存在不同程度上的冲突,如进度与成本、成本与绩效等。

项目目标(project objectives),简单地说就是项目所要达到的期望效果,即项目所能交付的成果或服务。项目的实施过程实际就是一种追求预定目标的过程。项目的目标包含四个要素:绩效、成本、时间、客户期望收益。这四者构成项目的基本目标,它们彼此之间既相互独立,又相互联系,如图 1-1 所示。

绩效指的是项目的总体质量及安全状况,即项目能否高效、正常、安全地运营。成本指的是完成项目所耗费的全部资金,项目的目标之一就是尽可能地降低项目成本,这一成本既包括项目建设中的成本,也包括项目运营及养护阶段的成本。时间指的是完成项目所消耗的全部时间,这直接关乎项目业主的满意度,即业主方总希望在尽可能短的时间内完成项目的建成与运营。客户期望收益指的是业主所希望达到的项目效果,包括设计效果,成本与时

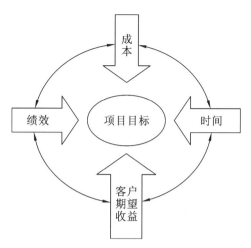

图 1-1　项目的四维目标示意图

间的多少,实际的运营情况以及后期的维修、养护情况,这个收益贯穿整个项目的全生命周期,也是评判项目是否成功的准则之一。

1.1.2　实施项目管理的原因

为什么要实施项目管理,其原因主要有以下几点:

（1）未来的不确定性

项目作为一个复杂的系统工程,牵涉到多个主体和因素,因此,其运作过程中必然存在诸多的不确定性,这种不确定性是不可预知的,且发生的时间都在项目运作的未来阶段。因此,实施有效的项目管理是避免或减少未来的不确定性的重要手段与方法。有效的项目管理可以尽可能多地考虑到项目进程中会出现的问题,并给出应对措施,从而达到减少不确定性的目的。

（2）信息的不对称性

信息不对称是指在市场经济活动中,各类人员对有关信息的了解是有差异的。信息掌握比较充分的人,往往处于有利的地位,而信息贫乏的人,则处于不利的地位。

项目中同样存在着信息的不对称性,可能存在于两个行为主体之间,也可能同时存在于多个行为主体之间。如在招投标阶段业主和承包商之间的信息不对称,项目建设阶段业主、承办商及咨询方之间的信息不对称。

（3）决策的滞后性

由于项目的未来的不确定性,项目中的决策往往会有一定的滞后性,即事后补救。在实际决策时,即使当时看似合理,但从项目整个阶段的角度看可能已经滞后。因此,需要进行事前的项目管理,以最大程度上做到事前决策,即在问题发生前及时分析并做好应对策略,这样就可以尽可能地抵消决策的滞后性。

（4）矛盾的不可调和性

项目的实际运作中存在多对不可调和的矛盾,主要可以分为项目各关键因素之间的矛盾以及项目各利益主体之间的矛盾。

项目各关键因素之间存在诸多矛盾,如项目进度与项目成本的矛盾,加快项目进度必然要增加项目成本,而减少项目成本必定会影响项目进度,这两者往往不可调和。项目各主体之间也存在着矛盾,如项目施工方与项目咨询方,一方代表自身利益,一方代表业主利益,这两者之间通常会形成利益冲突,基于这种利益冲突的矛盾有时也是不可调和的。

（5）实现目标的特定要求

项目的存在与运作都是为了实现某些既定的目标,这些目标包括时间、成本、效益和客户满意度等。项目运作过程中,可能受到各种因素的干扰,如项目环境的变化、项目风险的产生等,这些因素造成既定目标无法按时按质实现,这就需要项目管理来对项目运作进行整体的规划,从而减少项目运作中的干扰因素,以此来实现既定目标。

1.1.3 项目管理的基本内容

1.1.3.1 项目管理的含义和特点

关于项目管理,学术界尚没有统一的定义,以下是较为主流的有关项目管理的准确定义。

美国项目管理协会(PMI)对项目管理的定义是:项目管理是一种将知识、技能、工具和技术投入到项目活动中去的综合应用过程,目的是满足或超越项目所有者对项目的需求和期望。这种需求和期望包括项目的范围、时间、成本和项目品质。

我国国家标准《质量管理体系 项目质量管理指南》(GB/T 19016—2005)对项目管理的定义是:对项目各方面的策划、组织、监视、控制和报告,并鼓励所有参与者实现项目目标的手段。

中国项目管理知识体系中对项目管理的定义为:项目管理是一种基于系统思想与权变理念、面向对象(object-oriented)的组织管理方法论。

英国的罗德尼·特纳(Rodney Turner)等学者认为项目管理是一种方法,通过这种方法来计划、管理和控制分配给临时性组织的资源和工作,从而产出有益的变化。

从这些定义中,我们可以总结出项目管理的特点:

（1）普遍性:各行业的不同项目都需要项目管理来进行科学的运作。

（2）目的性:项目管理有着明确的目的指向,即尽可能用最少的资源来保证项目目标的顺利实现,并且使项目发挥最大效益。

（3）集成性:项目管理需要协调与组织项目的各部分运作,要能够做到统筹兼顾,要把项目看成一个贯穿全生命周期的过程。

（4）动态性:项目的内外环境处于不断变化之中,要能够针对项目的实时变化来采取具有指向性的管理措施。

（5）团队性:项目管理需要通过一个项目团队来共同进行项目的管理与运作,且项目经理在团队中起到了最关键的作用。

（6）创新性:项目管理是一门新兴学科,其主要理论及方法都在不断创新中,各项目的唯一性与不确定性也决定了项目管理本身需要较强的创新理念与思维。

1.1.3.2 项目管理知识体系及结构

基于项目管理的含义及特点,我们可以得出完整的项目管理知识体系,如图1-2所示。

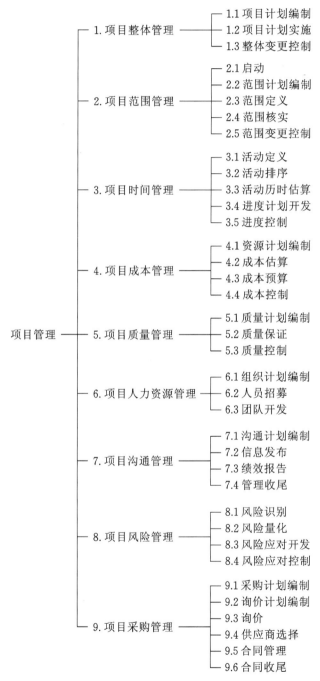

图 1-2 项目管理知识体系示意图

项目管理包含 5 个过程、9 个领域以及 46 项职能。

项目管理的 5 个过程:启动、计划、执行、控制、收尾。项目的启动是指批准一个项目或阶段,并且有意向往下进行的过程;计划是指制定并改进项目目标,从各种预备方案中选择最好的方案,以实现所承担项目的目标;执行是指协调人员和其他资源并实施项目计划;控制是指通过定期采集执行情况数据,确定实施情况与计划的差异,便于随时采取相应的纠正措施,保证项目目标的实现;收尾是指对项目的正式接收。

项目管理的 9 个领域:整体管理、范围管理、时间管理、成本管理、质量管理、人力资源管理、沟通管理、风险管理和采购管理。

项目管理的 46 项职能主要考虑到知识、经验和个人素质这三个方面,包括 20 个技术能力、15 个行为能力和 11 个环境能力。

(1)技术能力

① 成功的项目管理;

② 利益相关者;

③ 项目需求与目标;

④ 风险与机会;

⑤ 质量;

⑥ 项目组织;

⑦ 团队协作;

⑧ 问题解决;

⑨ 项目结构;

⑩ 范围与可交付物;

⑪ 时间和项目阶段;

⑫ 资源;

⑬ 成本和财务;

⑭ 采购与合同;

⑮ 变更;

⑯ 控制与报告;

⑰ 信息与文档;

⑱ 沟通;

⑲ 启动;

⑳ 收尾。

(2)行为能力

① 领导;

② 承诺与动机;

③ 自我控制;

④ 自信;

⑤ 缓和;

⑥ 开放；

⑦ 创造力；

⑧ 结果导向；

⑨ 效率；

⑩ 谈判；

⑪ 冲突与危机；

⑫ 协商；

⑬ 可靠性；

⑭ 价值评判；

⑮ 道德规范。

（3）环境能力

① 面向项目；

② 面向大型项目；

③ 项目、大型项目、项目组合的实施；

④ 面向项目组合；

⑤ 长期性组织；

⑥ 运营；

⑦ 系统、产品和技术；

⑧ 人力资源管理；

⑨ 健康、保障、安全与环境；

⑩ 财务；

⑪ 法律。

1.1.3.3　项目管理的核心思想

项目管理的核心思想包括核心理念、管理方式、管理的特征、管理的手段和管理的成果，具体如下：

（1）核心理念：目标为导向，计划为基础，控制为手段，客户为中心。

（2）管理方式：程序化、动态化、系统化、可视化、信息化。

（3）管理的特征：资源整合、权责分明、文明引领。

（4）管理的手段：利益相关者满意，绩效评价优先。

（5）管理的成果：定期评估、及时调整。

1.1.4　项目集管理、项目组合管理

项目集是一组相互关联且被协调管理的项目。协调管理是为了获得对单个项目分别管理所无法实现的利益和控制。项目集中可能包括各单个项目范围外的相关工作。一个项目可能属于某个项目集，也可能不属于任何一个项目集，但任何一个项目集中都一定包含项目。

项目组合是指为便于有效管理、实现战略业务目标而组合在一起的项目、项目集和其他

工作。项目组合管理是指为了实现特定的战略业务目标,对一个或多个项目组合进行的集中管理,包括识别、排序、授权、管理和控制项目、项目集和其他有关工作。项目组合管理重点关注的是通过审核项目和项目集来确定资源分配的优先顺序,并确保对项目组合的管理与组织战略协调一致。

我们可以从表 1-1 中更直观地得出项目管理、项目集管理及项目组合管理三者的区别。

表 1-1　项目管理、项目集管理和项目组合管理的区别

	项目管理	项目集管理	项目组合管理
范围	项目有明确的目标,其范围在整个项目生命周期中渐进明细	项目集的范围更大,并能提供更显著的利益	项目组合的业务范围随组织战略目标的变化而变化
变更	项目经理预计可能发生的变更,并确保变更处于管理和控制中	项目集经理必须预计来自项目集内外的变更,并为管理变更做好准备	项目组合经理在广泛的环境中持续监督变更
规划	项目经理在整个项目生命周期中,逐步将宏观信息细化成详细的计划	项目集经理制订项目集整体计划,并制订项目宏观计划来指导下一层次的详细规划	项目组合经理针对整个项目组合,建立与维护必要的过程和沟通
管理	项目经理管理项目团队来实现项目目标	项目集经理管理项目集人员和项目经理,统领全局	项目组合经理管理或协调项目组合管理人员
成功的测定	以产品与项目的质量、进度和预算达成度以及客户满意度来判断是否成功	以项目集满足预定需求和利益的程度来判断是否成功	以项目组合所有组成部分的综合绩效来判断是否成功
监督	项目经理对创造预定产品、服务或成果的工作进行监控	项目集经理监督项目集所有组成部分的进展,确保实现项目集的整体目标、进度、预算和利益	项目组合经理监督综合绩效和价值指标

1.1.5　项目管理中的关键因素

1.1.5.1　项目全生命周期

项目全生命周期是通常按顺序排列而有时又相互交叉的各项目阶段的集合。阶段的名称和数量取决于参与项目的一个或多个组织的管理与控制需要、项目本身的特征及其所在的应用领域。项目的规模和复杂性各不相同,但不论其大小繁简,所有项目都呈现

下列全生命周期结构,即启动项目、组织与准备、执行工作和结束项目共四个阶段,如图
1-3 所示。

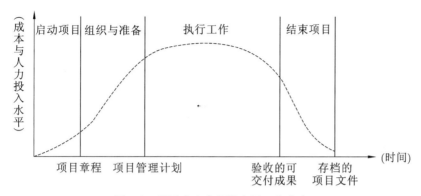

图 1-3 项目全生命周期主要工作内容

通用的全生命周期结构通常具有以下特征:

(1)成本与人力投入。在开始时较低,在工作执行期间达到最高,并在项目快要结束时
迅速回落。这种典型的走势如图 1-3 中的虚线所示。

(2)干系人的影响力、项目的风险与不确定性。在项目开始时最大,并在项目的整个生
命周期中随时间推移而递减,如图 1-4 所示。

(3)在不显著影响成本的前提下,改变项目产品最终特性的能力在项目开始时最大,并
随项目进展而减弱。图 1-4 表明,变更的代价在项目接近完成时通常会显著升高。

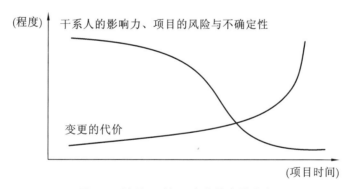

图 1-4 随项目时间而变化的变量影响

1.1.5.2 项目资源管理

项目资源是指劳动力、材料、设备、资金、技术等形成生产力的各种要素,其具体分类
如下:

(1)按资源本身的特性分类

按照资源本身的特性,项目资源可以分为可重复使用的资源和一次性使用的资源。

① 可重复使用的资源,如人力资源、工程设备等。在构成项目成本时,可重复使用的资
源的成本主要取决于项目工作对其占用的时间,所以,对这类资源的管理重点是要合理组

织、统筹安排、充分发挥其工作效率。

② 一次性使用的资源,如材料资源、项目资金等。在构成项目成本时,一次性使用的资源成本主要由其自身的价值决定。因此,对这类资源的管理重点主要是在保证项目工作顺利进行的前提下,采购合理的数量,最大限度地避免人为因素造成的浪费。

(2)根据资源的可得性分类

根据资源的可得性,项目资源可以分为可以持续使用的资源、消耗性资源和双重限制资源。

① 可以持续使用的资源是指能用于相同范围的项目各个时间阶段的资源,如劳动力资源。

② 消耗性资源,这类资源在项目开始阶段往往以总数形式出现,随着时间的推移,资源会逐步被消耗掉,如材料资源。

③ 双重限制资源是指在项目的各个阶段的使用数量都是有限制的资源,并且在整个项目的进程中,此类资源总体的使用量也是有限制的,如项目资金。

任何一个项目所获得的资源都是有限的,且随着时间的推移,资源的累计需求量在不断增大,如图 1-5 所示。因此,有必要通过项目管理来对项目资源进行合理分配,以发挥资源的最大效益。资源管理分析的常见工具有资源矩阵、资源数据表、甘特图、资源负荷图等,本书将在后续各章进行详细介绍。

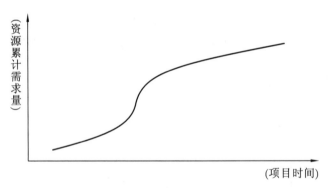

图 1-5　项目累计资源变化示意图

1.1.5.3　项目风险管理

无论何种类型的项目,都广泛存在着项目风险,项目风险源于项目未来的不确定性,贯穿项目的整个生命周期。从项目立项直至项目运营都可能发生不同的项目风险。风险存在概率是指项目风险在项目各阶段存在的可能性,概率也是风险的本质。

一般而言,风险存在概率与项目中的多个因素都存在着联系,这些因素包括项目周期、项目复杂程度、项目参与主体和项目的目标要求等。很显然的是,这些因素与风险概率呈正相关的关系,即项目周期越长、项目复杂程度越高、项目参与主体及目标要求越多,项目的风险存在概率就越大。有效的项目管理是降低风险存在概率的重要措施,也是目前为止最为有效的措施,其基本流程如图 1-6 所示。

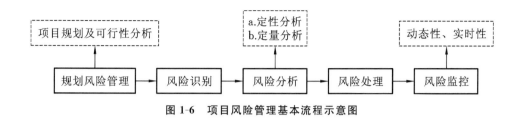

图 1-6 项目风险管理基本流程示意图

1.2 国内外工程项目管理的发展历程

1.2.1 国外工程项目管理的发展历程

最初真正意义上的项目管理这一概念,是在 20 世纪 40 年代第二次世界大战期间,美国为研发原子弹制订的曼哈顿计划中提出的。

20 世纪 50 年代以后,由于社会生产力的高速发展以及现代管理学学科的不断创新,现代项目管理正式成为一门学科,逐步发展起来。1957 年美国杜邦公司把这种方法首次应用于设备维修,使维修停工时间由 12 小时锐减为 7 小时。这一时期项目管理传播的特征是开发推广与应用网络计划技术。

20 世纪 60 年代末期至 20 世纪 70 年代初期,西方国家开始将项目管理的理论和方法运用于工程领域,此时项目管理的应用范围还只局限于建筑、国防和航天等少数领域,且多为大型、特大型工程。但由于项目管理在美国的阿波罗登月计划中取得巨大成功,其理念与方法由此开始风靡全球。从应用的主体来看,项目管理首先运用于业主方工程管理中,然后逐步在承包方、设计方和供货方中得以推行。

20 世纪 70 年代中期,西方国家开始在大学开设与工程管理相关的专业,同时,兴起了项目管理咨询服务。项目管理咨询公司的服务对象主要是业主,但也服务于承包商、设计方和供货方。

20 世纪 80 年代,国际咨询工程师协会(FIDIC)颁布了业主方与项目管理咨询公司的项目管理合同条件。

进入 20 世纪 90 年代后,全球步入信息经济时代,为适应这一时代的不确定性与动态变化的特点,项目管理采取灵活、动态、适应性强的管理手段,并逐步发展成为独立的学科体系和现代管理学的重要分支。

现如今,项目管理已经普遍适用于各行各业,并且在政府机关和非盈利性组织以及国际组织中得到广泛的应用,成为业务运作的重要模式。

国际上关于项目管理的研究主要有两大研究体系:其一是以欧洲为首的体系——国际项目管理协会(IPMA);其二是以美国为首的体系——美国项目管理协会(PMI)。

1.2.2 国外工程项目管理模式的分类

工程项目管理模式是指项目单位组织管理工程项目建设的组织形式,包括在项目建设过程中各参与方所扮演的角色及合同关系。

目前国际上较为主流的工程项目管理模式主要有以下几种类型。

(1) 传统项目管理模式,即 design-bid-build pattern(设计—招投标—建造模式),这种模式是国际上最为通用的工程项目管理模式。我国目前的"招投标制"、"建设监理制"、"合同管理制"都是借鉴此模式。

这种模式的基本思路就是前期由工程设计方进行前期策划与可行性研究,进行招投标后,由中标人承担施工总承包,中标人可能会再与其他分包商签订分包合同并组织实施。在项目实施阶段,由业主方、施工总承包方、工程咨询方三方对项目的质量、进度、成本进行监督与控制。

这种模式的显著特点是工程项目呈线性前进,即前一阶段完成才能进行下一个阶段的工作。其优点是管理模式和技术手段都比较完善,且业主方在选择项目参与方时具有较大的自由度。缺点是建设周期较长,投入的成本费用过高,且设计与施工相分离,出现质量事故后易导致双方推诿责任。

(2) CM 模式,即 construction management pattern(建设—管理模式)。CM 模式是指由业主委托具有施工经验的 CM 单位,从开始阶段就参与到工程项目建设中来,为工程设计人员提供施工方面的建议并负责后期的施工管理工作,这种模式的本质可以概括为"边设计,边施工",即改变了传统模式中全部设计完成后才进行施工的方式。

这种模式有助于弥补传统模式中设计阶段的缺陷与不足,同时,大大缩短了工程项目周期,减少了可能存在的风险。其缺点是各阶段分离层次较明显,协调工作量大,不易于控制工程整体造价,同时,对 CM 单位的依赖性较大,CM 单位的能力大小直接关系到工程项目的成功与否。

(3) DB 模式,即 design-build pattern(设计—建造模式)。DB 模式是指由单一承包人负责项目的设计与建造工作,该模式下,业主单位只需明确工程需求与要求并选择 DB 总承包商,承包人再选择分包商或者由本公司人员完成工程的设计与施工,总承包商对工程的设计及建造工作负全责,其组织形式如图 1-7 所示。

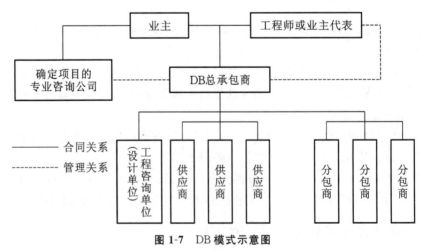

图 1-7　DB 模式示意图

这种模式的优点是将设计环节与施工环节有机统一,避免了两者的脱节及责任推诿,明确了责任分布,有利于投资及周期控制。其缺点是业主方对工程项目的控制力减弱,且项目对 DB 总承包商的依赖性较大。

(4) PM 模式,即 project management pattern(项目管理模式)。项目管理模式是指由工程项目发包人委托专业项目管理公司或者咨询单位,采用科学的管理方法和手段,对工程项目的全过程进行管理控制或者仅在项目的实施阶段提供管理服务。在这个过程中,项目管理公司不会参与项目的实际设计与施工活动,而仅仅只向发包人提供咨询服务。我国的代建制模式就是以此为参考的。

PM 管理公司的主要工作在于项目管理,提高项目管理水平,是一种智力密集型的咨询管理服务,旨在保证工程能够顺利实施,代表业主负责项目全阶段的管理工作,直至项目能够成功实施。PM 公司绝不参与具体设计及施工工作,对于施工单位、设计单位只有建议权或者协调权,没有指令权。

以上介绍的均是较为经典的国际工程项目管理模式,下面介绍的是几种新型的国际工程项目管理模式。

(1) PMC 模式,即 project management contractor pattern(项目管理承包模式)。PMC模式实质上是 PM 模式的衍生,指的是项目管理承包商代表业主对工程项目进行全过程、全方位的项目管理,帮助业主从工程项目的前期整体规划、项目定义、工程招标、选择设计、采购到施工、试运行整个过程实施全面有效的管理,其组织形式如图 1-8 所示。

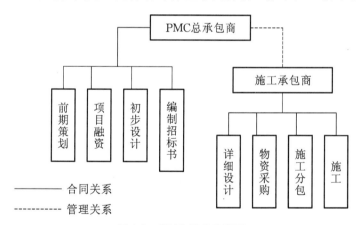

图 1-8 PMC 模式示意图

从图 1-8 可以看出,PMC 模式是在 PM 模式的基础上增加了工程初步设计等工作,工作范围更广泛,工作任务也更多。

PMC 模式的优点在于有利于投资的控制,有助于简化项目管理机构,提高项目管理水平,特别适合于投资额较大、工程难度系数较高、项目组织较为复杂的工程项目。

(2) PC 模式,即 project controlling pattern(项目控制模式)。该模式于 20 世纪 90 年代首次在德国出现,其产生背景是由于在一些大型建设工程项目实施过程中,即使业主委托了专业的建设项目管理咨询单位进行全过程、全方位的项目管理,但在遇到重大问题时,业主仍然需要自己来进行决策分析,并且有些常规的建设项目管理往往很难满足业主在这方面的要求。为了适应大型建设工程项目业主高层管理人员决策需要,从而产生了项目控制模式。模式中项目控制方的主要任务是为业主提供正确决策的指导和分析处理意见。

项目控制方的实质就是建设工程项目业主的决策支持机构,其主要工作就是及时、准确地收集建设工程项目实施过程中所有与三大目标控制有关的各种信息,并将这些信息做科学的处理和分析,然后将这些处理结果以不同的报告形式提供给业主的高层管理人员,以便业主的管理层能够迅速及时地做出相关决策。

项目控制模式是工程咨询和信息技术相结合的产物,反映了工程建设项目管理专业化发展新的趋势,即更为专业化的分工。该模式有利于建设项目咨询单位发挥其特长,更好地适应业主方的要求,也有利于在建设工程管理咨询市场形成更规范化、有序竞争的局面。

(3) NC 模式,即 novation contract pattern(更替型合同模式),指的是业主在项目实施初期委托某一设计咨询公司进行项目的初步设计,一部分工作完成(达到全部设计要求的30%～80%)时,业主可开始招标选择承包商,承担未完成的设计与施工工作,并规定承包商必须与原设计咨询公司签订设计合同,设计咨询公司成为设计分包商,其基本流程如图 1-9 所示。

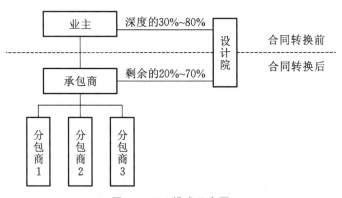

图 1-9　NC 模式示意图

该模式的优点在于其既可以保证业主对项目的总体要求,又可以保持设计工作的连贯性;同时,可以在施工详图设计阶段吸收承包商的施工经验,有利于加快工程进度,提高施工质量,减少施工中的设计变更;由承包商更多地承担这一实施期的风险管理,为业主方减轻了风险;由承包商承担了全部设计建造责任,合同管理也较易操作。

该模式的缺点在于业主方必须在前期对项目有一个周到的考虑,因为设计合同转移后,变更就会比较困难;在签订新合同时,需要仔细研究新旧设计合同更替过程中的责任和风险的重新分配,以尽量减少以后的纠纷。

(4) Partnering 模式,即伙伴合作管理模式,指的是存在于两个或多个组织之间的长期承诺关系,通过最大限度地利用所有参与者的资源,达到特定商业目标。这种承诺关系基于参与各方的相互信任、相互尊重和资源共享,旨在加强各方的交流合作,减少纠纷,以达到三大目标控制的目的。

Partnering 模式要求在参与各方之间建立一个合作性的管理小组,这个小组着眼于各方的共同目标和利益,并通过实施一定的程序来确保目标的实现。因此,Partnering 模式突破了传统的组织界限,合伙协议并不仅仅是业主与施工单位双方之间的协议,而需要建设工程参与各方共同签署建立伙伴关系,包括业主、总包商、分包商、设计单位、咨询单位、主要的材料设备供应单位等,其组织流程如图 1-10 所示。

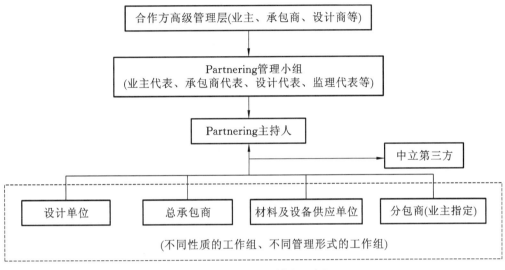

图 1-10　Partnering 模式示意图

作为一种新型的工程项目管理模式,与传统项目管理模式相比,Partnering 模式更加强调团队间的相互合作、项目各参与方的相互信任。它在解决争端、控制费用、长期合作方面有其优势,所以在一些发达国家与地区得到了广泛的应用。其缺点是过于依赖于彼此间的信任机制,而当前信任机制的不成熟则会为参与者间的合作增加阻力。

1.2.3　国内工程项目管理的演变

1.2.3.1　国内工程项目管理的发展概述

我国工程项目管理发展经历了三个阶段。

(1) 萌芽和产生阶段

我国工程项目的存在有着悠久的历史,随着社会文明的发展,社会的各方面(如政治、经济、文化、宗教、生活、军事等)对某些工程产生需要,且当时的社会生产力的发展水平又能实现这些需要时,就出现了工程项目。我国历史上的工程项目主要包括以下几类:

① 房屋建设,如皇宫、庙宇、住宅。具有代表性的有故宫、天坛、少林寺、苏州园林等。

② 水利工程,如运河、堰坝。具有代表性的有灵渠、京杭大运河、都江堰等。

③ 道路桥梁工程。具有代表性的有秦代的驰道、赵州桥等。

④ 陵墓工程及军事工程等。具有代表性的有秦始皇陵、长城等。

春秋战国时期儒家经典建筑著述《考工记》中关于兴建土木已有了计划的管理一说。由李冰率众修建的大型水利工程都江堰可以看出,这其中有很多工程项目管理的手段,例如科学的设计与施工、因势利导、因地制宜、整体布局、分层管理等,这一工程的建造及管理对当今的工程项目管理者有着重要的参考价值。

（2）近现代土木工程的形成和发展阶段

我国现代工程项目管理制度的历程自中华人民共和国成立开始，以改革开放为分界点，并在这个进程中不断完善，最后发展成为当前的工程项目管理制度。

中华人民共和国成立之初，我国实行高度集中的计划经济体制，工程项目由政府决策并拨付资金，采用方案研究、计划任务书、设计任务书、技术经济分析等方式开展项目前期工作，临时组成指挥部负责项目建设及物资调配，这种项目管理体制有效地集中了国家有限的财力及物力，对于当时的工程项目建设起到了重要的推动作用。

（3）国际项目管理概念引入后的飞速发展阶段

改革开放后，随着社会主义市场经济体制的建立，自20世纪80年代初，我国开始引进世界银行和一些国际金融机构投资的工程项目，由此引入了国际上关于工程项目管理的先进理念，这对我国工程项目管理现代化的发展起到了重要的作用。

① 1982年，国家计划委员会将项目可行性研究正式列入基本建设程序。

② 1983年，国家计划委员会提出推行项目前期项目经理负责制。

③ 1988年，我国开始正式推行建设工程监理制度。

④ 1995年，建设部颁发了《建筑施工企业项目经理资质管理办法》，正式推行项目经理负责制。

⑤ 1999年，《中华人民共和国合同法》、《中华人民共和国招标投标法》颁布实施，正式开始实行建设工程合同制及工程项目招投标制。

⑥ 2003年，建设部发出《关于建筑企业项目经理资质管理制度向建造师资格制度过渡有关问题的通知》，正式推行建造师资格制度。

⑦ 2004年，建设部颁布了《建设工程项目管理试行办法》，在我国开始了建设工程项目管理的试点。

⑧ 2010年，国家发改委把开展工程项目全过程管理作为工程咨询行业重点发展的业务，列入我国第一个工程咨询六年发展规划纲要。

⑨ 2012年，住房城乡建设部、国家工商行政管理总局制定了《建设工程监理合同》，明确了委托人与咨询人的权利与义务。

⑩ 2013年，住房城乡建设部批准发布了《建筑工程施工质量验收统一标准》，鼓励"四新"技术的推广应用，提高检验批抽样检验的理论水平，解决建筑工程施工质量验收中的具体问题，丰富和完善了标准的内容。

⑪ 2017年，住房城乡建设部发布了国家标准《建设工程项目管理规范》（GB/T 50326—2017），并废止原国家标准《建设工程项目管理规范》（GB/T 50326—2006）。

⑫ 2017年12月27日，第十二届全国人民代表大会常务委员会第三十一次会议修正了《中华人民共和国招标投标法》。

⑬ 2018年，国务院办公厅发布了对工程建设项目审批制度进行全流程、全覆盖改革，努力构建科学、便捷、高效的工程建设项目审批和管理体系的通知。

在项目管理国际化的大潮中，我国的工程项目管理制度从无到有，由浅入深，在不断改革和探索中逐渐形成了具有中国特色的工程项目管理体系。

1.2.3.2 国内工程项目管理模式的分类与特点

（1）自行管理模式

自行管理模式又称"自建制"，是由项目单位自行设立工程项目管理机构，且项目管理任务由该机构承担的组织形式。

这种模式缺乏可借鉴性，已经落后和过时，目前只有在项目单位综合实力较强且承担的是特殊项目时才应用此模式。其优点是可以减少对外合同关系，有利于项目各阶段的顺畅衔接，提高管理效率。

（2）分项委托管理模式

分项委托管理模式（又称平行分包）是由项目单位采用市场竞标方式，将工程项目的策划、设计、采购、施工等任务，分别委托给具有相应资质的各单位承担。

这种模式有利于发挥市场机制的作用，能够优选出比较合适的参与单位，有利于各参与方的权责及利益制衡。

（3）专业机构管理模式

专业机构管理模式（又称总包分包）是由项目单位将工程项目投资建设全过程或部分阶段的管理工作，委托给具有相应资质和能力的管理公司，再由管理公司分别委托给设计、采购、施工等参建各方。

这种模式有利于推进工程项目专业化管理，提高项目的现代化管理水平。

（4）工程项目代建制

工程项目代建制是指政府投资项目经过规定的程序，委托给具有相应资质的工程管理公司或其他企业，由他们代理投资人或建设单位组织和管理项目的建设。

这种模式有利于促使政府投资工程"投资、建设、管理、使用"的职能分离，通过专业化项目管理最终达到控制投资、提高投资效益和管理水平的目的。

（5）工程建设承发包制

工程建设承发包制又称工程招标承包制，通过招标、投标的一定程序建立工程买方与卖方、发包与承包的关系。通过招标承包制使买方通过竞争来获得工程，使卖方选择适当的施工单位。

以上介绍的均为传统承发包方式，其可分为平行分包、总包分包、联合分包及合作分包等四种。其中，联合分包及合作分包指的是若干家承包公司以合同方式组成联营或合营模式来参加某项工程的资格审查、投标签约并共同完成承包工程，一般适用于大型的、技术难度较高的工程。

新型承发包有：设计—采购—施工（EPC）交钥匙总承包、建设—管理（CM）、伙伴合作管理（Partnering）模式等。其中，在当前的市场经济条件下，比较受推崇的是 EPC 模式，即工程总承包单位对工程项目的设计、采购、施工、竣工验收实行全生命周期管理，对工程全权负责，直至工程交钥匙投产使用。EPC 模式有利于工程项目各环节的衔接，有助于各参与方的协调一致，有利于缩短工期，提高工程质量，降低工程造价。

1.2.3.3 国内现代工程项目管理发展的制约因素

我国工程项目管理制度的现代化理念源于国外，于 20 世纪 80 年代引入。

国内工程项目管理的发展受到诸多因素的制约,这些制约因素主要有国家发展规划、投资管理体制、金融环境、市场环境、法制环境五个因素。

（1）国家发展规划

我国现行的经济体制是"市场在国家宏观调控下对资源配置起基础性作用"的社会主义市场经济体制。制定和实施国民经济和社会发展规划是国家加强和改善宏观调控的重要手段。国家通过规划阐述政府的战略意图,明确政府的工作重点,引导市场主体的行为,以实现国家战略目标。规划不仅是政府履行经济调节、市场监管、社会管理和公共服务职责的重要依据,也对市场经济运行、市场微观主体的行为进行约束。因此,各级各类发展规划构成工程项目建设的约束条件。

（2）投资管理体制

固定资产投资管理体制是我国固定资产投资活动运行机制和管理制度的总称,是经济管理体制的重要组成部分。工程项目投资建设全过程的各项活动,都要在投资管理体制的约束下进行。

（3）金融环境

金融环境由金融运行的法律制度、行政管理体制、社会诚信状况、会计与审计准则以及银企关系等要素所构成。在市场经济条件下,金融业的支持对于工程项目建设至关重要。工程项目建设须根据项目所处的金融环境及自身条件进行管理和操作。

（4）市场环境

市场环境是指经营活动所处的社会经济环境中企业不可控制的因素,主要有政治法律、经济技术、社会文化、自然地理和竞争等方面的因素。市场环境的变化,既可以给工程项目建设带来机遇,也可能形成某种牵制。因此,适应市场环境,是开展项目建设活动的重要前提。

（5）法制环境

法制环境是指行为主体进行工程项目管理活动所面临的各种法律因素条件,包括法律规范、法律责任和法律监督。法制环境对管理活动的影响具有刚性约束的特征,这是由法律的强制性所决定的。工程项目管理参与单位及人员应强化法制观念,了解、熟悉工程项目管理相关的法律、法规和规章,依法从事各项管理活动。

1.2.3.4　工程项目管理发展的趋势

（1）国际

21世纪以来,全球经济文化发展迅速,国际上有越来越多的责任重大、关系复杂、时间紧迫、资源有限的一次性任务,这一类的任务迫切需要项目管理的应用。项目管理在国际上受到高度重视,并呈现以下的发展趋势:

① 全球化发展

目前,人们对项目管理的呼声愈加强烈,项目管理国际化活动也更加频繁。国际间的项目合作已十分常见,为了能够更好地适应当代知识与经济全球化的特点,项目管理正朝着全球化的方向发展。

② 多元化发展

如今项目管理已不单单应用于建筑、航天等国家传统领域,计算机、金融、制造、电子通信等许多领域都将项目管理作为重要的业务运作模式。项目管理已深入各行各业,这也就导致了项目管理向着不同方向发展,呈现多元化趋势。

③ 专业化发展

项目管理的普遍运用带来了一个受欢迎的专业——项目管理专业,项目管理知识体系也早已形成且仍在不断完善。同时,国际上各大高校也都有设立项目管理专业的课程和硕士、博士等学位。美国项目管理协会推行了一种认证学员资格的认证体系 PMP,国际项目管理协会也在全球推行了四级项目管理专业认证体系 IPMP。这些专业化的探索与发展标志着项目管理学科逐渐走向成熟。

(2)国内

① 项目管理国际化

我国改革开放至今,经济实力迅速提升,也越加融入到国际市场之中。跨国公司和跨国项目日趋增多,为使企业更好地适应国际市场,项目管理向着国际化的方向不断发展,项目管理国际化已成为新的潮流。

② 项目管理信息化

信息技术已经成为当代主流技术,全球正处于知识经济时代,项目管理的信息化已成为必然趋势。我国很多项目管理公司开始大量使用项目管理软件进行各种项目管理,并从事项目管理软件的开发工作。新时代的项目管理对电脑技术和网络技术的依赖越来越强。

1.3 海洋工程项目管理

1.3.1 我国海岸线概况及海洋资源规划

1.3.1.1 我国海岸线概况

随着我国社会经济的不断发展,城市化和工业化对海域资源索取加重,海岸线开发利用强度不断增大。据国家海洋局相关数据统计,25 年来,距海岸线 1km 范围内海域被开发占用面积已经超过 80%。根据我国大陆海岸线遥感解译结果,1990 年以来自然岸线锐减,至 2015 年年末减少了 31.94%;而人工岸线 25 年来,相比增长了 75.21%。海岸线开发强度不断增大,为沿海地区经济建设和人口增长提供了发展和生存空间的同时,也带来了生态退化、环境恶化、资源衰退等问题。

1.3.1.2 我国海洋资源开发规划

近年来,我国为科学开发海洋资源和优化调整海洋空间,出台了《全国海洋主体功能区规划》。该规划将我国海洋空间划分为优化开发区域、重点开发区域、限制开发区域和禁止开发区域四类。

(1)优化开发区域

该区域是指现有开发利用强度较高,资源环境约束较强,产业结构亟须调整和优化的海域,包括渤海湾、长江口及其两翼、珠江口及其两翼、北部湾、海峡西部以及辽东半岛、山东半岛、苏北、海南岛附近海域。该区域主要集中在海岸带地区,承载了绝大部分海洋开发活动,海洋生态环境问题日益突出,海洋资源供给压力较大,必须优化海洋开发活动,加快海洋经济发展方式的转变。

（2）重点开发区域

该区域是指在沿海经济社会发展中具有重要地位,发展潜力较大,资源环境承载能力较强,可以进行高强度集中开发的海域,包括国家批准的沿海区域规划所确定的用于城镇建设、港口和临港产业发展、海洋资源勘探开发、海洋重大基础设施建设的海域。高强度集中开发活动大都会改变海域的自然属性,或给海洋自然环境带来难以恢复的影响,因此应严格控制其规模和面积。

（3）限制开发区域

该区域是指以提供海洋水产品为主要功能的海域,包括海洋渔业保障区、海洋特别保护区和海岛及其周边海域。在该区域必须限制高强度的集中开发活动,但允许开展有利于提高海洋渔业生产能力和强化生态服务功能的开发活动。海洋渔业保障区包括传统渔场、海水养殖区和水产种质资源保护区。我国沿海有传统渔场 52 个,覆盖我国管辖海域的绝大部分。海水养殖区主要分布在近岸海域,面积约为 2.31 万平方千米。我国现有海洋国家级水产种质资源保护区 51 个,面积为 7.4 万平方千米。在传统渔场,要继续实行捕捞渔船数量和功率总量控制制度,严格执行伏季休渔制度,调整捕捞作业结构,促进渔业资源逐步恢复和合理利用。另外,目前我国有国家级海洋特别保护区 23 个,总面积约为 2859 平方千米。

（4）禁止开发区域

该区域是指对维护海洋生物多样性,保护典型海洋生态系统具有重要作用的海域,包括各级各类海洋自然保护区、领海基点所在岛屿等。目前,我国有国家级海洋自然保护区 34 个,总面积约为 1.94 万平方千米。我国已公布 94 个领海基点。领海基点在有居民海岛的,应根据需要划定保护范围;领海基点在无居民海岛的,应实施全岛保护。在该区域除法律法规允许的活动外,禁止其他开发活动。

1.3.2　海洋工程项目管理的概念及分类

1.3.2.1　海洋工程项目管理概念

海洋工程项目是一项综合性的工程,其中包含了建筑、机械、电气、仪表、船舶等各项知识领域,因此具有极强的专业性,及与各个领域之间的关联性。为了使海洋工程项目进行顺利,需要根据海洋工程项目的具体情况采取一定的针对性管理方式,即海洋工程项目管理。

1.3.2.2　海洋工程分类

海洋工程是指以开发、利用、保护、恢复海洋资源为目的,并且工程主体位于海岸线向海一侧的新建、改建、扩建工程。一般认为海洋工程的主要内容可分为资源开发技术与装备设施技术两大部分,具体包括:围填海、海上堤坝工程,人工岛、海上和海底物资储藏设施、跨海桥梁、海底隧道工程,海底管道、海底电（光）缆工程,海洋矿产资源勘探开发及其附属工程,海上潮汐电站、波浪电站、温差电站等海洋能源开发利用工程,大型海水养殖场、人工鱼礁工程,盐田、海水淡化等海水综合利用工程,海上娱乐及运动、景观开发工程,以及国家海洋主管部门会同国务院环境保护主管部门规定的其他海洋工程。

海洋工程可分为海岸工程、近海工程和深海工程等 3 类。

（1）海岸工程

海岸工程（coastal engineering）自古以来就很受重视，主要包括海岸防护工程、围海工程、海港工程、河口治理工程、海上疏浚工程、沿海渔业设施工程、环境保护设施工程等。

（2）近海工程

近海工程（offshore engineering）又称离岸工程。20 世纪中叶以来近海工程发展很快，主要是在大陆架较浅水域的海上平台、人工岛等的建设工程，和在大陆架较深水域的建设工程，如浮船式平台、移动半潜平台（mobile semi-submersible unit）、自升式平台（self-elevating unit）、石油和天然气勘探开采平台、浮式贮油库、浮式炼油厂、浮式飞机场等建设工程。

（3）深海工程

深海工程（deep-water offshore engineering）包括无人深潜的潜水器和遥控的海底采矿设施等建设工程。

由于海洋环境变化复杂，海洋工程除考虑海水的腐蚀、海洋生物的污着等作用外，还必须能承受地震、台风、海浪、潮汐、海流和冰凌等自然因素的强烈作用，在浅海区还要经受得了岸滩演变和泥沙运移等的影响。

1.3.3　海洋工程项目管理的特点

（1）海洋工程项目具有极强的专业性与关联性。海洋工程项目涵盖了建筑结构、机械、配管、电气、仪表、防腐以及大型船舶等多个领域，为了确保其建设活动顺利开展，需要海洋工程项目管理采取针对性的管理手段，这就使得海洋工程项目管理与其他工程项目管理活动相比呈现出一定的特殊性。

（2）海洋工程项目管理内容较多。基于海洋工程项目内容多样，在进行海洋工程项目管理的过程中，需要导管架、组块结构、水下结构、项目费用、合同管理、施工计划、施工安全等多个部门进行协调合作。尽管我国已经形成了初步的海洋工程项目管理体系，各部门之间能够就管理工作进行必要的合作，构建起相互协调、相互联系的管理体系，但是由于部门过多，信息数据共享性存在问题，部分部门在进行协调管理的过程中，无法确保管理措施满足实际的管理需求，导致管理效率的降低与管理质量的下降。

（3）与其他项目管理活动相比，海洋工程项目管理周期较长，涉及的环节较多，例如在海上油气资源开发的过程中，需要进行勘探、钻井、建设、海上运输等多种技术操作。

【小结】

本章主要介绍了什么是项目管理及工程项目管理的基本概念、特征和分类，根据工程项目管理基本内容和我国海洋资源现状，对海洋工程项目管理进行了定义。通过研究国内外工程项目管理的发展史，可知我国的工程项目管理需在学习他国先进经验的基础上，结合自身特点进行改进。

工程项目有其自身特点，最理想的工程项目管理方法是实行工程项目的全生命周期管理。

【关键术语】

客户(clients)：通过购买项目产品或服务满足其某种需求的群体。

成本(cost)：企业为项目运作和提供服务等所耗费资源的货币表现。

可交付成果(deliverables)：完成某一项目而必须交付的价值、产出或结果等期望的要素。

相互依赖性(interdependencies)：组织各职能部门间职能或任务彼此相互联结的关系。

生命周期(life cycle)：对项目整个活动进程的标准定义，包括启动阶段、成长阶段、成熟阶段和终止阶段。

绩效(performance)：一定时期内的工作行为、方式、结果及其产生的客观影响。

项目群(program)：通常很难与项目区别开来，往往指围绕某一特定目标的一组相类似的项目。

项目(project)：具有确定约束条件的一次性过程。

项目管理(project management)：使用各种方法、技术和概念运作项目并实现其目标。

2 海洋工程项目管理

【本章核心概念及定义】

1. 海洋工程项目管理的定义,包括其特点;
2. 海洋工程项目管理的基本特征,包括其定义以及分类。

2.1 海洋工程项目管理的概念

海洋工程项目管理是工程项目管理的一个重要类别,与其他的工程项目管理一样,海洋工程项目管理在工程项目的实践中也占据了重要地位。

宁波—舟山港位处浙江省东北部,自 2006 年开始实行港口一体化以来,其港口货运吞吐量稳步增长,2016 年总货运吞吐量达 8.89 亿吨,位居世界第一。如此规模庞大的货运吞吐量,不仅源于宁波—舟山港的良好地理位置,更是源于一体化以来多个港口及航道基础设施项目的建设。以鼠浪湖矿石中转码头为例,该码头是国内目前最大的矿石中转码头,也是宁波—舟山港大宗货物运输体系的重要节点。在推进鼠浪湖矿石中转码头的建设中,其引入了近年来兴起的"监管一体化"模式,即在项目部内部设立咨询办,形成集约化的海洋工程项目管理团队,进行统一决策与管理,该措施有力地解决了工程中存在的诸多问题,同时,大大节省了工程项目的开支,保证了工程项目按时按质地完成。从这个案例中,我们可以看出海洋工程项目管理的重要性以及其运作模式的不断创新为海洋工程项目带来的巨大效益。

海洋工程项目管理的基本概念有如下几条:

① 产品或服务对象是工程;
② 形成基础设施中的固定资产的特征;
③ 海洋工程项目组成阶段的多样性及复杂性;
④ 海洋工程项目构成主体的多元化;
⑤ 海洋工程项目不同主体管理目标及任务的侧重点不同。

2.1.1 海洋工程项目的含义及全生命周期

海洋工程项目是项目众多类别中的一种,也是最主要的组成类别之一。本书中所提到的海洋工程项目的定义是:为特定目的而进行投资建设,具有建筑安装工程实体,形成固定资产的项目。简而言之,这是一种既有投资行为又有建设行为的项目,其目标是形成固定资产。海洋工程项目建设的过程是将投资转化为固定资产的经济活动过程。

　　海洋工程项目从前期策划到投产使用需要经历一个活动过程,这一过程称为海洋工程项目的全生命周期。在我国,全生命周期主要分为四个阶段,即前期策划阶段、项目准备阶段、项目实施阶段、建成使用阶段,具体如图 2-1 所示。

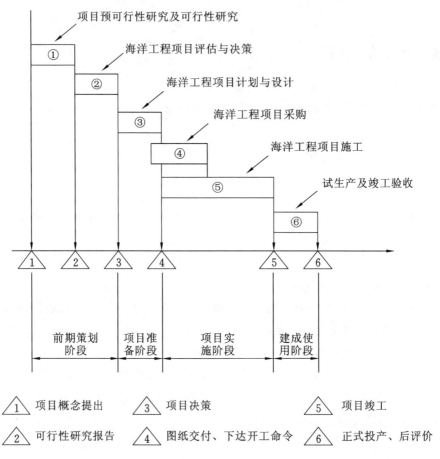

图 2-1　海洋工程项目建设全生命周期及阶段划分

　　(1)前期策划阶段

　　前期策划是项目运作的前提,主要包括编制项目建议书、可行性研究分析(可行性研究报告)、咨询评估、海洋工程项目决策及实施策划。

　　(2)项目准备阶段

　　海洋工程项目准备阶段主要是为海洋工程项目实施做好必要的准备,主要包括海洋工程项目建设方案的优化、海洋工程项目投融资、海洋工程项目采购和海洋工程项目招投标。

　　(3)项目实施阶段

　　海洋工程项目实施阶段是指海洋工程项目的建设期,主要包括海洋工程项目进度控制、海洋工程项目投资控制、海洋工程项目质量和安全控制,即海洋工程项目管理的三大控制。

（4）建成使用阶段

海洋工程项目建成后,需要对其实际使用性能、经济效益、社会效益等进行综合评价,即海洋工程项目后评估阶段。

2.1.2 海洋工程项目管理

2.1.2.1 海洋资源

海洋资源是指在一定条件下能产生经济价值的一切赋存于海洋中的物质和能量以及与海洋开发利用有关的海洋空间。按其自然本质属性可分为海洋生物资源、海洋矿产资源、海洋空间资源、海洋旅游资源等几大类。

20世纪90年代以来,海洋资源开发和海洋经济发展在接续和补充陆地资源、缓解陆地资源和环境压力、支撑和引领经济增长以及促进经济社会可持续发展等方面发挥了重要的作用。我国是海洋经济大国,海洋资源为我国实施海洋强国战略提供着有力支撑。

我国位于亚洲大陆的东部,太平洋的西岸,既是大陆国家,也是海洋国家。我国的陆地国土幅员辽阔,有960多万平方千米,南北相间长约5500千米,东西相间宽达5200千米,陆地边界长约22800千米。我国大陆东南两面为海洋所环抱,濒临渤海、黄海、东海和南海,大陆海岸线绵亘南北,北起中朝边界的鸭绿江口,南至中越边界的北仑河口,全长约18000千米。我国有11000余个海岛,海岛总面积约占陆地面积的0.8%。

2.1.2.2 海洋工程项目建设前景

我国提出推进绿色发展,推进资源全面节约和循环利用,降低能耗与物耗。在此背景下,准确把握我国沿海省、市、区海洋资源效率及其时空演化特征和驱动因素,对指导我国海洋经济可持续发展具有重要意义。

近年来,随着海洋石油工程开发向深水和环境恶劣的海域发展,工程的规模、技术复杂程度、投入的人力和财力都在迅速增长。为了能够实现较高的经济效益,必须通过科学严密的管理手段管理整个海洋工程项目。目前,世界范围内的经验,都充分证明专业化的海洋工程项目管理是海洋工程项目达到预期经济效益的重要保证。

2.1.2.3 "一带一路"规划

海洋是人类生存发展的源泉。海洋独特的战略价值培育了非凡的中华海洋文明,丰富的海洋资源支撑了中华民族的繁衍和发展,开发和利用海洋是世界强国发展的必由之路。海洋战略决定着国家海洋事业的兴衰成败。2017年10月,在中国共产党第十九次全国代表大会上,习近平总书记代表十八届中央委员会向大会做的《决胜全面建成小康社会 夺取新时代中国特色社会主义伟大胜利》的报告,提出"坚持陆海统筹,加快建设海洋强国"。战略关乎国运,建设海洋强国的战略思想助力中国走向世界舞台的中心。

随着海洋资源开发和装备设施建设的不断发展,海洋工程项目类型逐渐丰富,海洋工程项目管理需要做出相应的改变以适应不断变化的形势。PMC和EPC等多元化管理模式开始应用于海洋工程项目管理工作当中。在福建华海海洋工程项目中,以智慧海洋建设为目标,应用"工业化＋信息化"的管理手段,充分借助福建省的区位优势,并与"一带一路"倡议相互对接,为新时代的海洋工程项目建设提供更多、更好的机遇。

2.1.3 海洋工程项目管理过程

海洋工程项目管理过程可分为创造产品的过程(或产品实现的过程)和海洋工程项目管理过程这两类,具体如图 2-2 所示。

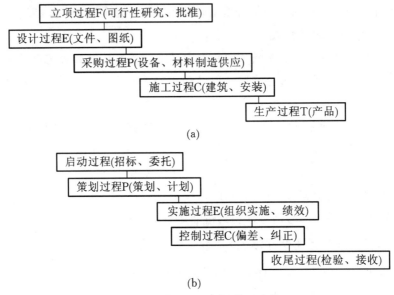

图 2-2　海洋工程项目管理过程

(a)创造产品的过程(产品实现过程);(b)项目管理过程(对产品实现过程进行管理)

2.1.4 海洋工程项目管理的内涵

海洋工程项目管理的定义在国内外不尽相同,但都满足海洋工程项目管理的一般特性。

(1) 我国对海洋工程项目管理的定义是:海洋工程项目管理是从海洋工程项目开始至海洋工程项目完成,通过海洋工程项目计划和海洋工程项目控制,以使海洋工程项目的费用目标、进度目标和质量目标尽可能好地实现的过程。

(2) 英国皇家特许建造学会(CIOB)对工程项目管理的定义是:工程项目管理可以被定义为贯穿于工程项目开始至完成的一系列计划、协调和控制工作,其目的是在功能与财务方面都能满足客户的需求。这种需求一般表现为:工程项目能够在确定的成本和要求的质量标准前提下及时地完成。

海洋工程项目管理的核心任务是为海洋工程项目增值,海洋工程项目管理工作是一种增值服务工作。其增值主要表现在两个方面:工程建设增值,工程使用(运行)增值。具体如图 2-3 所示。

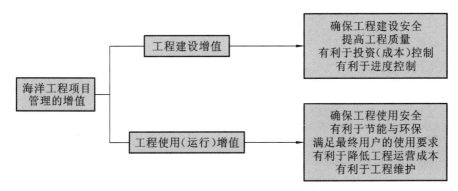

图 2-3　海洋工程项目管理的增值

2.2　海洋工程项目管理的任务及流程

2.2.1　海洋工程项目管理的主要任务

一个海洋工程项目往往由许多参与单位承担不同的建设任务,而各参与单位的工作性质、工作任务和利益不同,因此就形成了不同类型的海洋工程项目管理。在海洋工程项目的全生命周期中,决策阶段的管理是开发管理(development management,DM),实施阶段的管理是海洋工程项目管理(project management on behalf of owner,OPM),使用阶段的管理是设施管理(facility management,FM),各参与方分别在不同阶段产生作用,具体如表 2-1 所示。

表 2-1　各参与方在海洋工程项目不同阶段的作用

	决策阶段	实施阶段			使用阶段
		准备	设计	施工	
投资方	DM	PM			FM
开发方	DM	PM			
设计方			PM		
施工方				PM	
供货方				PM	
使用期的管理方					FM

2.2.1.1　业主方管理海洋工程项目的主要任务

业主方海洋工程项目管理服务于业主的利益,其海洋工程项目管理的目标包括海洋工程项目的投资目标、进度目标和质量目标。海洋工程项目的投资目标、进度目标和质量目标之间既有矛盾的一面,也有统一的一面,它们之间是对立统一的关系。

业主方海洋工程项目管理在不同阶段的任务如下：

（1）海洋工程项目策划阶段：海洋工程项目筛选、海洋工程项目建议书、可行性研究以及相关报批工作的开展。

（2）海洋工程项目准备阶段：取得海洋工程项目的基础性协议文件、进行初步的勘察设计及合同管理、拟定海洋工程项目的具体建设方案、开展海洋工程项目投融资、进行工程采购及招投标。

（3）海洋工程项目实施阶段：按合同规定为海洋工程项目顺利实施提供必要的条件，并在实施过程中督促、检查和协调各参与方的工作，定期对海洋工程项目进展情况进行检查。

（4）竣工验收交付使用阶段：组织进行竣工验收及工程决算、做好工程后期各方的交接工作、组织海洋工程项目的全部建成投产验收工作。

2.2.1.2 设计方管理海洋工程项目的主要任务

设计方是将业主或项目法人的建设意图按照法律法规要求，作为建设条件输入，经过智力的投入进行海洋工程项目技术经济方案的综合创作，编制出用以指导海洋工程项目施工活动的设计文件。其海洋工程项目管理的目标包括设计的成本目标、设计的进度目标和设计的质量目标，以及海洋工程项目的投资目标。

设计方海洋工程项目管理的主要任务包括：

（1）与设计工作有关的安全管理；

（2）设计成本控制、与设计工作有关的工程投资控制；

（3）设计进度控制；

（4）设计质量控制；

（5）设计合同管理；

（6）设计信息管理；

（7）与设计工作有关的组织和协调。

2.2.1.3 施工方管理海洋工程项目的主要任务

施工方的海洋工程项目管理简称施工项目管理，即施工企业（承包商）站在自身的角度，从其利益出发，按照与业主签订的工程承包合同界定的工程范围，所进行的海洋工程项目管理，其内容是对施工全过程进行计划、组织、指挥、协调和控制。

施工方海洋工程项目管理的主要任务包括：

（1）施工安全管理；

（2）施工成本控制；

（3）施工进度控制；

（4）施工质量控制；

（5）施工合同管理；

（6）施工信息管理；

（7）与施工有关的组织和协调。

2.2.1.4　供货方管理海洋工程项目的主要任务

供货方的主要作用是为海洋工程项目的建设提供必要的原材料及设备。其海洋工程项目管理的目标包括供货的成本目标、供货的进度目标和供货的质量目标。

供货方海洋工程项目管理的主要任务包括：

（1）供货的安全管理；

（2）供货的成本控制；

（3）供货的进度控制；

（4）供货的质量控制；

（5）供货合同管理；

（6）供货信息管理；

（7）与供货有关的组织和协调。

2.2.1.5　建设海洋工程项目总承包方管理海洋工程项目的主要任务

建设海洋工程项目工程总承包是指从事工程总承包的企业受建设单位的委托，按照工程总承包合同的约定对建设海洋工程项目的勘察、设计、采购、施工、试运行等实行全过程或若干阶段的承包。当采取建设海洋工程项目总承包模式时，建设海洋工程项目总承包方作为海洋工程项目建设的参与方，其管理工作涉及海洋工程项目实施阶段的全过程。

建设海洋工程项目总承包方海洋工程项目管理的主要任务包括：

（1）安全管理；

（2）投资控制和总承包方的成本控制；

（3）进度控制；

（4）质量控制；

（5）合同管理；

（6）信息管理；

（7）与建设海洋工程项目总承包方有关的组织和协调。

此外，海洋工程项目管理还需政府的参与。针对海洋工程项目建设不同阶段的活动内容，政府对投资海洋工程项目实行投资导向、海洋工程项目决策、建设实施、竣工验收等阶段的流程递进管理。

在海洋工程项目前期阶段，政府管理的目的是引导各类投资主体寻找投资机会与方向。

在海洋工程项目决策阶段，政府通过对投资海洋工程项目的审批、核准、备案，对各类投资主体投资建设海洋工程项目和决策实行差别化管理。

在海洋工程项目实施阶段，政府对设计招投标、施工许可、质量安全等过程进行监督。对于政府投资海洋工程项目则通过代建制的方式进行全过程管理。

2.2.2 海洋工程项目管理的基本流程

海洋工程项目管理是由多个过程组成的活动。这一完整的活动包含的各个过程按照海洋工程项目运行顺序形成一个有条理的流程图。一般海洋工程项目管理流程如图 2-4 所示。

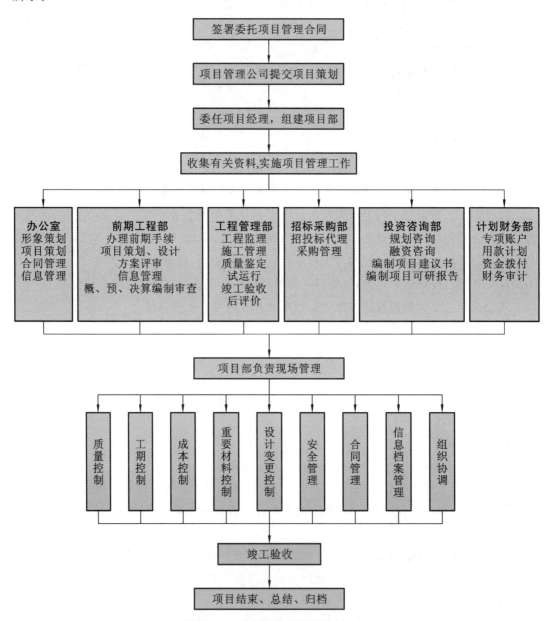

图 2-4 一般海洋工程项目管理流程

【小结】

本章主要介绍了海洋工程项目管理的基本概念、特征及分类,海洋工程项目管理的基本流程,给出了海洋工程项目管理成功的标准,以及海洋工程项目发展的背景和发展的可能性。

【关键术语】

过程(process):产生一定结果的一系列行动。

工程管理(professional management in construction):对一个工程从概念设想到正式运营的全过程进行针对性的管理。

不确定性(uncertainty):对所处环境或最终产出物只掌握部分信息或毫无所知,这往往是由含混性和复杂性造成的。

3　海洋工程项目管理的组织理论

【本章核心概念及定义】

1. 组织设计的必要性；
2. 海洋工程管理项目结构、组织结构、合同结构；
3. 海洋工程项目规划与组织设计、组织分工、工作流程组织。

3.1　组织设计的必要性

组织是无形的，多数人除睡觉以外的大量时间都在某种类型的组织中度过。《组织理论与设计》一书中这样定义组织：所谓组织，是指这样一个社会实体，它具有明确的目标导向和精心设计的结构与有意识协调的活动系统，同时又同外部环境保持密切联系。组织是由人及其相互之间的关系构成的，是达成最后目标的途径。为使组织能够达到期望的效果，组织设计是必不可少的。

3.1.1　组织设计的维度

组织设计的维度可分为权变维度和结构变量，两维度之间的关系如图 3-1 所示。

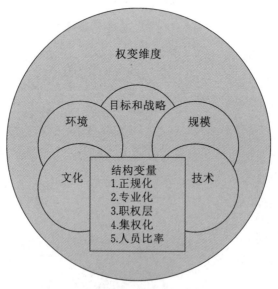

图 3-1　与权变维度交互的结构变量

由图 3-1 可见,结构变量(structural dimensions)提供描述组织内部特征的标尺,为测量和比较组织奠定了基础,它是一种结果变量,即应变量。权变维度则包含了结构维度,并且比结构维度多了其他的影响组织因素。通过权变维度和结构变量,可以了解组织的特征,并判断组织之间的差异。

3.1.2　组织设计需完成的目标

组织设计的目的就是使利益相关者满意。利益相关者主要从效率与效果这两个方面评价组织。所以,组织设计需完成的目标便是效率(efficiency)和效果(effectiveness)。效率指的是各级各类社会组织及其管理人员从事管理活动的产出同所消耗的人力、物力、财力等要素间的比例关系。效果是指组织达到其目标的程度。

效率很重要,但最重要的是效果。然而想要组织达到好的效果并非易事,因为组织所涉及的群体有着不同的期望,这些群体希望从组织中获得的利益并不是完全一致的,从而称这一群体为利益相关者。为了能够让组织达到最好的效果,必须考虑所有利益相关者的需求,通过整合这些需求制订最合适的计划以使组合达到最优。

往往组织利益相关者之间会出现利益冲突,例如公司里的职员想要获得更高工资,而公司股东想要通过"压榨"职员获得更高的利润,这两者之间的冲突显而易见。想要让所有利益相关者完全满意是极度困难的,所以组织管理方必须要在最小限度上满足主要利益相关者的目标,然后在此基础上通过有效的管理手段为组织各方谋取利益。

3.1.3　组织结构的基本构成单元

亨利·明茨伯格(Henry Mintzberg)认为任何一个组织都由技术核心、高层管理、中层管理、技术支持和管理支持这五个基本单元构成。

技术核心负责生产组织的产品和服务产出,处于这一位置的是进行最基本工作的基层操作者,他们之间通过相互调节进行协调。为保证工作不受外部干扰,技术核心往往会进行最彻底的标准化。

高层管理在组织中负责直接监督操作者、制定组织战略以及与组织利益相关者沟通等,高层在组织中掌控全局,决定整个组织的发展方向及运行策略等。

仅通过高层管理对组织进行管理是不够的,所以就出现了中层管理。中层管理负责部门层次的执行和协调,收集各部门的反馈信息,将其中一部分传达给高层管理,是高层管理与技术核心之间的媒介。同时,中层管理也会参与一些决策。

技术支持(例如工程师、研究人员和信息技术专家等)则为组织提供间接服务,主要负责审视环境,探寻组织中的问题、机会和技术发展动向。技术支持人员促进了技术核心的创新,有助于组织的变革和适应。

最后组织通过管理支持将直接监督"制度化",管理支持人员通过制定标准协调工作,削弱了管理者对操作者工作的控制,它们位于权力等级之外。

3.1.4　组织结构设计的基本分类

组织结构设计分为机械式组织结构设计和有机式组织结构设计这两类。其中机械式组织结构设计是传统组织设计的产物,具有高度的标准性、规范性和集权化的特点,大部分决策都集中在高层,较为僵硬、刻板;有机式组织结构设计则较为灵活、松散,没有具体的工作条例和规范,适应性较好,与机械式组织结构设计相反,有机式组织结构设计的特点是低标准性、规范性和分权化。

机械式组织结构设计的典型维度有:大规模、效率战略、稳定的环境、刚性文化和制造技术。有机式组织结构设计的典型维度是:小规模、创新战略、变动的环境、适应性文化和服务技术。在组织结构设计的选择中就要考虑好这些维度。

3.1.5　组织结构设计的基本理论

组织结构设计的基本理论包括组织论、系统工程、数理统计、混沌理论、组织行为学和运筹学,等等。

组织论中区分了封闭系统和开放系统,组织要获得成功就必须将自己视作开放系统进行管理。

混沌理论提出在复杂的适应性系统(包括组织)中关系是非线性的,由众多的联结和不同选择所组成,这使得组织变得不可预测。混沌理论认为组织应该更多地被视为一个自然系统。

组织行为学是对组织的微观研究,是研究组织中人的心理和行为表现及其客观规律,提高管理人员预测、引导和控制人的行为的能力,以实现组织既定目标的科学,它将其主要分析单元放在组织的个人中。

在组织设计中运用运筹学理论对有限的资源进行合理规划、使用,并提供优化决策方案,运筹学理论是管理组织的重要工具。

3.1.5.1　组织论的研究内容

组织论是一门非常重要的基础理论学科,是海洋工程项目管理学的母学科,它主要研究系统的组织结构模式、组织分工,以及工作流程组织,如图 3-2 所示。我国在学习和推广海洋工程项目管理的过程中,对组织论的理论和知识、重要程度及应用意义尚未产生足够的重视。

组织结构模式指定了正式的汇报关系,包括层级中的级别数量以及经理与主管的控制范围;确定了构成部门的个人及构成组织的部门;通过设计系统来确保部门之间的有效沟通、协调和整合。

图 3-2 中的物质流程组织对于海洋工程项目而言,指的是海洋工程项目实施任务的工作流程组织。如:设计的工作流程可以是方案设计、初步设计、技术设计、施工图设计,也可以是方案设计、初步设计(扩大初步设计)、施工图设计;若施工作业较多,则有多个可能的工作流程。

3.1.5.2　运筹学

运筹学是一门运用科学的方法来实现正确决策、现代化管理的学科。在海洋工程项目管理中可以通过运筹学的手段从数量方面进行分析研究,从而帮助海洋工程项目领导人做

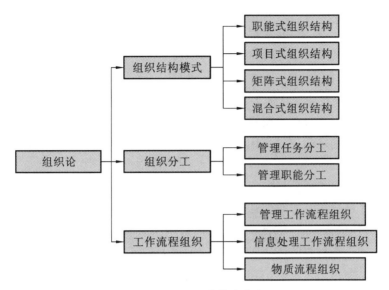

图 3-2　组织论的基本内容

出最优的决策。

在海洋工程项目管理中可运用运筹学中数学规划的方法,在业主给定的条件下,综合考虑海洋工程项目的绩效、时间、成本和客户期望收益来制定最优方案。它可以表示成求函数在满足约束条件下的极大极小值问题。其中动态规划是一种从整体利益的观点,研究多阶段决策过程的理论和方法,海洋工程项目管理就是一个多阶段决策过程,动态规划可以应用于海洋工程项目管理过程之中。

运筹学的决策论是运筹学的一个分支和决策分析的理论基础,主要研究为了达到预期目标,从多个可供选择的方案中如何选择最优方案。在海洋工程项目决策阶段运用决策论,可以针对一系列重大问题开展科学论证以及对多种方案进行对比,这些问题包括投资海洋工程项目的可行性、可能性与必要性,以及为何投资、什么时间投资、怎样实施、海洋工程项目的选址与具体方案等。这一方法有助于海洋工程项目领导人做出科学的决策。

3.1.5.3　系统工程

海洋工程项目是一个比较复杂的系统工程,由相互作用和相互依赖的若干组成部分结合而成。为了能在最短时间内,以最少的资源消耗,最有效地达成海洋工程项目预期目标,就要运用到系统工程理论。

系统工程是为了最好地实现系统的目的,对系统的组成要素、组织结构、信息流、控制机构等进行分析研究的科学方法。它运用各种组织管理技术,使系统的整体与局部之间的关系协调和相互配合,实现总体的最优运行。

系统工程的一般步骤和方法是由系统工程师 A.D.Hall 于 1969 年提出的三维空间法:

(1) 时间维。表示工程活动从规划到更新阶段按时间顺序安排的 7 个阶段,即规划阶段,拟定计划方案阶段,研制阶段(并制订生产计划),生产阶段(生产系统零件、提出安装计划),安装阶段,运动阶段和更新阶段。

（2）逻辑维。指完成上述 7 个阶段工作的思维程序。其主要内容包括：明确问题，即搜集本阶段资料，提供目标依据；系统指标设计，即提出目标的评价标准；系统综合，即设计出所有待选方案或对整个系统进行综合；系统分析，即运用模型比较方案，进行说明；实行优化，即对可行方案进行选优；进行决策；实施计划。

（3）知识维。完成各步工作需要的各种知识、技能。这一方法，在逻辑上，把运用系统工程解决问题的整个过程分成问题阐述、目标选择、系统综合、系统分析、最优化、决策和实施计划七个环环紧扣的步骤；在时间上，把系统工程的全部进程分为规划、设计、研制、生产、安装、运行和更新七个依次循进的阶段。

系统工程分析海洋工程项目中各个部分之间的相互联系和相互制约关系，使海洋工程项目整体中的各个部分相互协调配合，服从整体优化要求；在分析局部问题时，是从整体协调的需要出发，选择优化方案，综合评价系统的效果。对海洋工程项目管理来说，这一方法可以用来解决海洋工程项目的优化问题和规划问题等。

3.1.5.4 博弈论

博弈论是现代数学的新分支，也是运筹学的一个学科，主要研究制定的激励结构之间的相互作用，是研究斗争或竞争现象的数学理论和方法。海洋工程项目管理者可以运用博弈论分析不同决策方案之间的优劣，在业主给定的合同条件下，选择最合适的方案，并做出最优抉择。

混沌是一种系统从有序状态突然变为无序状态的过程，这一过程是随机性现象，而随机性现象对于博弈各方面来说，通常都是有害无益的。为了不让混沌发生，就必须采取相应策略，让系统受到控制，从而使博弈模型达到稳定均衡状态。混沌博弈能够找出处于失序系统中的混沌起始点和系统平衡点，让系统处于维持平衡稳定状态所需的条件，从而促使博弈各方努力创造条件以满足系统的稳定。

3.1.5.5 数理统计

数理统计是以概率论为基础的数学分科。数理统计在海洋工程项目管理中用来判断预测海洋工程项目中考察的问题，为海洋工程项目决策提供依据和建议。通过数理统计可以计算海洋工程项目事故发生概率，预测海洋工程项目未来可能发生的事故，推断事故发生节点，努力排查安全隐患。同时还可以通过数理统计预测海洋工程项目未来收益等，对海洋工程项目相关者有一定参考价值。

3.1.5.6 通信工程

通信工程（也作电信工程）是电子工程的一个重要分支，电子信息类子专业是其中一个基础学科。该学科关注的是通信过程中的信息传输和信号处理的原理和应用。通信工程专业主要研究信号的产生，信息的传输、交换和处理，以及计算机通信、数字通信、卫星通信、光纤通信、蜂窝通信、个人通信、平流层通信、多媒体技术、信息高速公路、数字程控交换等方面的理论和工程应用问题。通信工程在海洋工程项目管理中可以用于研发先进的网络控制技术，以更简洁方便地对海洋工程项目实施目标控制，还可以设计先进的海洋工程项目风险管控方案等。

3.2 海洋工程项目管理的结构分析

3.2.1 海洋工程项目结构

3.2.1.1 海洋工程项目结构分解

海洋工程项目结构分解是有效进行海洋工程项目管理的基础和前提。海洋工程项目结构分解的好坏,将直接关系到海洋工程项目管理组织结构的建立,关系到海洋工程项目合同结构的建立,并进一步影响到海洋工程项目的管理模式和承发包模式。

海洋工程项目结构分解表明了海洋工程项目由哪些子海洋工程项目组成,子海洋工程项目又由哪些内容组成。反映海洋工程项目分解结构的工具是海洋工程项目分解结构图,如图3-3所示,它是一个重要的组织工具,通过树状图的方式对海洋工程项目的结构进行逐层分解,以反映组成该海洋工程项目的所有工作任务,即表明该海洋工程项目由哪些子海洋工程项目组成。

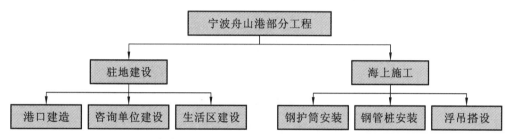

图3-3 宁波舟山港部分工程的海洋工程项目分解结构图

海洋工程项目分解结构并没有统一的模式,应结合海洋工程项目的特点并参考以下原则进行:

(1)考虑海洋工程项目进展的整体部署;

(2)考虑海洋工程项目的组成;

(3)有利于海洋工程项目实施任务(设计、施工和物资采购)的发包及进行,并与将采用的合同结构相结合;

(4)有利于海洋工程项目目标的控制;

(5)考虑海洋工程项目管理的组织结构等。

3.2.1.2 海洋工程项目分解结构的编码

海洋工程项目分解以后,就要对海洋工程项目分解结构进行编码。编码是由一系列符号(如文字)和数字组成,海洋工程项目分解与编码是海洋工程项目管理的前提。在海洋工程项目管理工作中为了有效实施海洋工程项目目标控制,必须进行一系列的分解与编码。因此,海洋工程项目管理工作中将涉及一系列的分解与编码,如:

(1)海洋工程项目的结构编码;

(2)海洋工程项目管理组织结构编码;

（3）海洋工程项目的政府主管部门和各参与单位编码（组织编码）；

（4）海洋工程项目实施的工作项编码（海洋工程项目实施的工作过程的编码）；

（5）海洋工程项目的投资项编码（业主方）、成本项编码（施工方）；

（6）海洋工程项目的进度项（进度计划的工作项）编码；

（7）海洋工程项目进展报告和各类报表编码；

（8）合同编码；

（9）函件编码；

（10）工程档案编码。

海洋工程项目的结构编码是依据海洋工程项目结构图，对海洋工程项目结构每一层的每一个组成部分进行编码。它和用于投资控制、进度控制、质量控制、合同管理和信息管理的编码有紧密的联系，但又有区别。海洋工程项目结构图及其编码是编制上述其他编码的基础。图3-4所示为长江公路大桥编码。

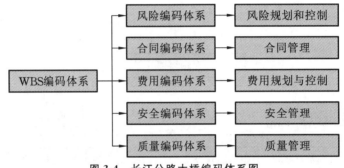

图 3-4 长江公路大桥编码体系图

3.2.2 海洋工程项目组织结构

海洋工程项目组织结构是指海洋工程项目建设实施管理团队的构造与组织形式。海洋工程项目组织结构的基本形式按海洋工程项目组织与企业组织联系方式分为四种：职能式组织结构、海洋工程项目式组织结构、矩阵式组织结构、混合式组织结构。

（1）职能式组织结构

层次化的职能式组织结构是当今世界上最普遍的组织形式。在职能组织结构中，每一个职能部门可根据它的管理职能对其直接和非直接的下属工作部门下达工作指令。建恩高速公路部分组织结构采用的就是职能式组织结构，如图3-5所示。

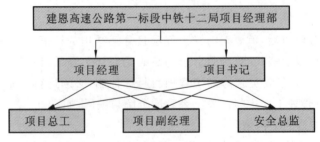

图 3-5 职能式组织结构示意图

这种模式的优点是可最大限度地发挥人员的专业才能,人员调配灵活,同部门间的专业人员易于交流与沟通,同时,有利于在过程、管理和政策等方面保持连续性。但在实际执行过程中,该模式也存在着不可忽视的缺陷:因为每一个工作部门可能得到其直接和非直接的上级工作部门下达的工作指令,这样就会形成多个矛盾的指令源,一个工作部门的多个矛盾的指令源会影响海洋工程项目整体管理机制的运行;经常会出现没有一个人承担海洋工程项目全部责任的现象,海洋工程项目常常得不到好的支持,海洋工程项目及客户的利益往往得不到优先考虑;海洋工程项目信息传递不畅。

(2)海洋工程项目式组织结构

海洋工程项目式组织结构的一切工作都围绕海洋工程项目展开,是一种专门的组织结构。在海洋工程项目式组织结构中,每一个工作部门只能对其直接的下属部门下达工作指令,每一个工作部门也只有一个直接的上级部门,如图 3-6 所示。因此,每一个工作部门只有唯一的指令源,避免了由于矛盾的指令而影响组织系统的运行。

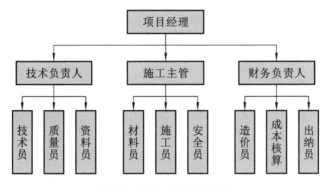

图 3-6　项目式组织结构图

相较于职能式组织结构,海洋工程项目式组织结构模式可以确保工作指令的唯一性,避免了多个指令源所造成的矛盾。但在一个较大的组织系统中,由于海洋工程项目式组织结构模式的指令路径过长,每一个海洋工程项目团队都是独立的,不同海洋工程项目团队之间缺乏交流,资源难以共享,有可能会造成组织系统在一定程度上运行的困难。

(3)矩阵式组织结构

职能式组织结构和海洋工程项目式组织结构都有各自的不足,要解决这些问题,就要在职能部门积累专业技术的长期目标和海洋工程项目的短期目标之间找到适宜的平衡点。矩阵式组织结构是一种较新型的组织结构模式,实际上,矩阵式组织结构就是上述两者的结合。矩阵式组织结构一般由两部分构成,即在矩阵式组织结构最高指挥者(部门)下设纵向和横向两种不同类型的工作部门,如图 3-7 所示。

在矩阵式组织结构中,每一项纵向和横向交汇的工作,指令都来自于纵向和横向两个工作部门,因此其指令源为两个。当纵向和横向工作部门的指令发生矛盾时,应由该组织系统的最高指挥者进行协调或决策。

这种模式的优点在于项目经理对海洋工程项目全权负责,可以充分调用整个组织内部或外部的资源,有利于海洋工程项目的组织与协调;海洋工程项目从职能部门中分离出来,

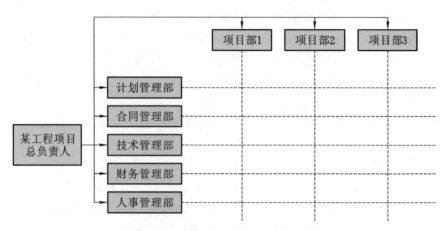

图 3-7　某工程矩阵式组织结构模式示意图

使得沟通途径更为简洁,项目经理可以避开职能部门直接与高层进行沟通,不仅提高了沟通速度,也能够提高海洋工程项目的决策效率,这样的结构适用于大型组织系统。但是该模式也具有一定的缺陷:在实际执行过程中,项目经理主管海洋工程项目的行政事务,职能部门经理主管海洋工程项目的技术问题,这就需要海洋工程项目经理在资源分配、技术支持及进度等方面具有较强的谈判、协调能力;海洋工程项目成员位置不固定,具有临时性,成员缺乏足够的责任心;此外,该模式违反了命令单一性的原则,海洋工程项目成员同时听命于项目经理和部门经理,这就容易造成矛盾的指令,从而影响海洋工程项目的管理效率。

（4）混合式组织结构

在一个工程中,可以同时存在职能式组织的海洋工程项目和项目式组织的海洋工程项目,即混合式组织结构,具体如图 3-8 所示。

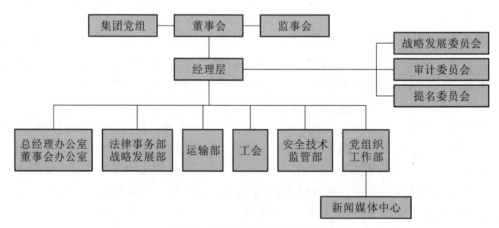

图 3-8　某混合式组织结构示意图

混合式组织结构并不少见。不少公司先将刚启动尚未成熟的小项目放在某个职能部门的下面,等到小项目逐渐成熟并具有一定地位以后,将其作为一个独立的项目,最后也有可能会发展为一个独立的部门。

这种模式使公司在建立项目组织时具有较大的灵活性,但也存在一定的风险。同一公司的若干项目采取不同的组织方式,由于利益分配上的不一致性,因此容易产生资源的浪费和各种矛盾。

虽然项目与公司的组织关系可以多种多样,但大多数公司都将矩阵式组织结构作为安置项目的基本模式。在此基础上,有时也可以增加项目式、职能式或混合式的组织方式,从而达到项目实际效益最大化。

3.2.3 海洋工程项目合同结构

一个海洋工程项目的建设是一个复杂的经济活动过程,这其中涉及多个主体的利益。为了使一个海洋工程项目能够很好地运行,这就需要通过合同来联系各方。一个海洋工程项目通常要有几十份、几百份合同,大型海洋工程项目甚至需要上千份合同,这些合同之间相互独立,又相互联系,形成了海洋工程项目的合同体系,如图 3-9 所示。

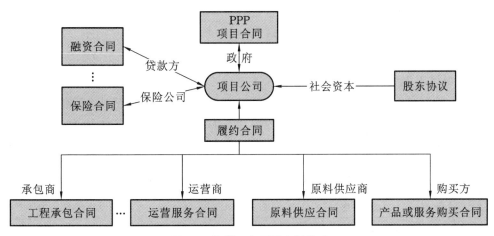

图 3-9　海洋工程项目合同体系

由图 3-9 中可看出,海洋工程项目公司即业主方签订的主合同通常包括承包合同、融资合同、供应合同等。但是不同海洋工程项目的主合同在工程范围、内容、形式上会有很大差别。海洋工程项目公司也可只签订一份合同,将海洋工程项目委托给承包人,再由承包商与其他方签订合同。

3.3　海洋工程项目组织的主要内容

3.3.1　海洋工程项目管理规划与组织设计

3.3.1.1　海洋工程项目管理规划

海洋工程项目管理规划(ocean project management planning)是指导海洋工程项目管理工作的纲领性文件,多数有一定规模的或重要的海洋工程项目都会编制海洋工程项目管理规划。海洋工程项目管理规划大纲宜包括下列内容：

(1) 海洋工程项目概况；

(2) 海洋工程项目范围管理；

(3) 海洋工程项目管理目标；

(4) 海洋工程项目管理组织；

(5) 海洋工程项目采购与投标管理；

(6) 海洋工程项目进度管理；

(7) 海洋工程项目质量管理；

(8) 海洋工程项目成本管理；

(9) 海洋工程项目安全生产管理；

(10) 绿色建造与环境管理；

(11) 海洋工程项目资源管理；

(12) 海洋工程项目信息管理；

(13) 海洋工程项目沟通与相关方管理；

(14) 海洋工程项目风险管理；

(15) 海洋工程项目收尾管理。

在实际的海洋工程项目实施过程中，依据海洋工程项目特点及规划的基本原则，往往会列出多项海洋工程管理规划的内容，这些内容涉及海洋工程项目的方方面面，如 2009 年开始建设的港珠澳大桥，其海洋工程项目管理规划如表 3-1 所示。

表 3-1　港珠澳大桥建设的项目管理规划

序号	基本内容	序号	基本内容
1	海洋工程项目建设的任务	11	质量保证系统和质量控制
2	委托的咨询(顾问)公司	12	竣工验收事务
3	海洋工程项目管理团队的组织	13	海洋工程项目进展工作程序
4	合同的策略	14	风险管理
5	设计管理	15	信息管理
6	投资管理	16	价值工程
7	进度管理	17	安全
8	招标和发包的工作程序	18	环境管理
9	有关政府部门的协调	19	不可预见事件管理
10	工程报告系统		

海上建设项目管理规划涉及海洋工程项目整个实施阶段的工作，它属于业主方项目管理的工作范畴。如果采用海洋工程建设项目总承包的模式，业主方也可以委托海洋工程建设项目总承包方编制海洋工程建设项目管理规划。海洋工程建设项目的其他参与单位，如

设计单位、施工单位和供货单位等,为进行其海洋工程项目管理,也需要编制海洋工程项目管理规划,但它只涉及海洋工程项目实施的一个方面,并体现一个方面的利益,如设计方海洋工程项目管理规划、施工方海洋工程项目管理规划和供货方海洋工程项目管理规划等。

3.3.1.2 海洋工程项目组织设计

海洋工程项目组织设计是指在海洋工程项目全生命周期中,在技术、资源、进度、成本和质量等方面所做的全面合理的安排,是根据业主对海洋工程项目各方面所做要求确定的经济、合理、有效的海洋工程项目运行方案。合理的组织设计能够帮助海洋工程项目连续、均衡、协调地发展,并且满足海洋工程项目对质量、进度和成本等各方面的要求。其中建设海洋工程项目组织设计是重要的组织文件,它涉及海洋工程项目整个实施阶段的组织,它属于业主方海洋工程项目管理的工作范畴。海洋工程建设项目组织设计主要包括以下内容:

(1) 海洋工程项目结构分解;
(2) 合同结构;
(3) 海洋工程项目管理组织结构;
(4) 工作任务分工;
(5) 管理职能分工;
(6) 工作流程组织等。

3.3.2 组织分工

3.3.2.1 管理任务分工

在组织结构及组织规划确定完成后,应对各单位部门或个体的主要职责进行分工。海洋工程项目管理任务分工就是对海洋工程项目组织结构的说明和补充,将组织结构中各单位部门或个体的职责进行细化扩展,它也是海洋工程项目管理组织的重要内容。

每一个海洋工程项目都应编制海洋工程项目管理任务分工表,这是海洋工程项目组织设计文件的一部分。在编制海洋工程项目管理任务分工表前,应结合海洋工程项目的特点,对海洋工程项目实施各阶段的投资控制、进度控制、质量控制、合同管理、信息管理和组织协调等工作任务进行详细分解。海洋工程项目管理工作任务分解表目录大致如表 3-2 所示。

表 3-2　海洋工程项目管理工作任务分解表目录

序号	各阶段海洋工程项目管理的任务
1	决策阶段海洋工程项目管理的任务
2	设计准备阶段海洋工程项目管理的任务
3	设计阶段海洋工程项目管理的任务
4	施工阶段海洋工程项目管理的任务
5	启用准备阶段海洋工程项目管理的任务
6	保修阶段海洋工程项目管理的任务

3.3.2.2 管理职能分工

（1）管理职能的概述

管理职能分工与管理任务分工一样，也是组织结构的补充和说明，体现在对于一项工作任务，组织中各任务承担者管理职能上的分工。

管理是由多个环节组成的有限的循环过程，对于一般的管理过程，其管理职能可分为计划（planning）、决策（decision）、执行（implement）、检查（check）等四种基本职能，具体如图3-10所示。

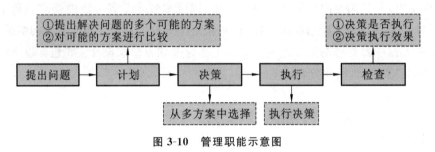

图 3-10　管理职能示意图

（2）管理职能分工表

管理的职能包括提出问题、计划、决策、执行、检查。我国多数企业和建设海洋工程项目的指挥部或管理机构，习惯用岗位责任制描述每一个工作部门的工作任务（包括责任、权力和任务等），此外，还可以通过管理职能分工描述书进一步明确每个工作部门的管理职能。工业发达国家在海洋工程项目管理中广泛应用管理职能分工表，以使管理职能的分工更清晰、更严谨，并会暴露仅用岗位责任描述书时所掩盖的矛盾。

每一个海洋工程项目都需要编制管理职能分工表，这也是海洋工程项目的组织设计文件的一部分。管理职能分工表比较清楚地表明了海洋工程项目各部门管理者的管理职能，然后根据管理的循环过程对每一项工作再分工，如表3-3所示。

表 3-3　管理职能分工表

部门 任务	工程项目经理部	投资控制部	进度控制部	质量控制部	合同管理部	信息管理部

为了区分业主方、代表业主利益的海洋工程项目管理方和工程建设咨询方等各参与方的管理职能，也可以用管理职能分工表表示，表3-4所示为某海洋工程项目管理职能分工的具体情况。

表 3-4 海洋工程项目管理职能分工表

序号	任 务		业主方	海洋工程项目管理方	工程建设咨询方
1	审批	获得政府有关部门的各项审批	E		
2		确定投资、进度、质量目标	D C	P C	P E
3	发包与合同管理	确定设计发包模式	D	P E	
4		选择总包设计单位	D E	P	
5		选择分包设计单位	D C	P E C	P C
6		确定施工发包模式	D	P E	P E
7	进度	设计进度目标规划	D C	P E	
8		设计进度目标控制	D C	P E C	
9	投资	投资目标分解	D C	P E	
10		设计阶段投资控制	D C	P E	
11	质量	设计质量控制	D C	P E	
12		设计认可与批准	D E	P C	
13	发包	招标、评标	D C	P E	P E
14		选择施工总包单位	D E	P E	P E
15		选择施工分包单位	D	P·E	P E C
16		合同签订	D E	P	P
17	进度	施工进度目标规划	D C	P C	P E
18		海洋工程项目采购进度规划	D C	P C	P E
19		海洋工程项目采购进度控制	D C	P E C	P E C
20	投资	招标阶段投资控制	D C	P E C	
21	质量	制定材料设备质量标准	D	P C	P E C

注：P—计划；D—决策；E—执行；C—检查。

3.3.3 工作流程组织

工作流程组织是反映一个组织系统中各项工作之间的逻辑关系，是一种动态关系。海洋工程项目管理涉及众多工作，其中必然产生数量庞大的工作流程。工作流程组织一般包括：

（1）管理工作流程组织，如投资控制、进度控制、合同管理、付款和设计变更等流程；

（2）信息处理工作流程组织，如与生成月度进度报告有关的数据处理工作流程；

（3）物质流程组织，如钢结构深化设计工作日程、海洋工程项目物资采购工作流程、外立面施工工作流程等。

每一个海洋工程项目应根据其实际情况和特点,从多个可能的工作流程方案中确定一个最为合适的工作流程方案,主要内容如下:

（1）设计准备工作的流程;

（2）设计工作的流程;

（3）施工招标工作的流程;

（4）物资采购工作的流程;

（5）施工作业的流程;

（6）各项管理工作（投资控制、进度控制、质量控制、合同管理和信息管理等）的流程;

（7）与海洋工程管理有关的信息处理的工作流程等。

在实际执行中,工作流程也可以视需要逐层细化,如投资控制工作流程可细化为初步设计阶段投资控制工作流程、施工图阶段投资控制工作流程和施工阶段投资控制工作流程等。

不同的海洋工程项目参与方工作流程组织的任务不同。业主方和海洋工程项目各参与方,如工程管理咨询单位、设计单位、施工单位和供货单位等都有各自的工作流程组织的任务。

3.4　海洋工程项目与组织文化

组织文化是有效海洋工程项目管理的第三个关键环境变量,组织文化的形成因素主要包括技术、环境、地理位置、奖罚措施、规则和程序、重要组织成员及关键性事情。

3.4.1　组织文化对海洋工程项目管理的影响

（1）影响各部门之间的交流方式,促进部门之间相互支持以利于海洋工程项目管理目标更好更快地完成。

（2）影响海洋工程项目员工的精神状态,提高员工的工作积极性及投入性,有利于提高海洋工程项目工作质量及效率。

（3）影响海洋工程项目成员的行为习惯及准则,培养员工的忠诚度及执行力,有利于实现海洋工程项目的执行进度计划。

（4）影响海洋工程项目的绩效评价,培养员工的创新精神及冒险精神,有利于更好地完成海洋工程项目目标。

企业组织若要长盛不衰,不仅应注重其产品或服务的品质、经济效益和利润额度,更要注重培养和建设其独特的组织文化,塑造核心竞争力。从世界范围看,占主导地位的组织文化有欧美型组织文化、日本型组织文化以及借鉴型组织文化。欧美型组织文化主要注重以人为本的价值观;日本型组织文化致力于追求"上下同欲者胜"的群体共同意识;以韩国、新加坡等东南亚国家组织为代表的借鉴型组织文化,融汇了东西方经济发展和组织管理的特点,具有较强的"亲和性"。

我们应把企业或组织看成一个有生命的物体,不仅加强组织的业务经营,更要做好组织的文化建设,这样才能凝聚人心,创造独特品质,形成组织的核心竞争力,给组织的发展强大注入新鲜且持久的生命力,以不断创新和进步。

3.4.2　海洋工程项目利益相关者

3.4.2.1　海洋工程项目利益相关者的含义

海洋工程项目利益相关者是指与海洋工程项目有一定利益关系的个人或组织,也就是海洋工程项目的参与方以及受海洋工程项目运作影响或能够对海洋工程项目运作产生影响的个人或组织。

海洋工程项目的建设涉及因素复杂,环节众多,管理要求高,因此,需要多个参与单位来共同完成一个海洋工程项目。在实际的海洋工程建设中,海洋工程项目利益相关者有投资者、业主、海洋工程项目管理者、咨询单位、设计单位、施工承包商、供应商等。按照海洋工程项目管理的组织层次,海洋工程建设中的利益主体由高到低依次可分为:战略决策层、战略管理层、项目管理层、项目实施层,具体如图 3-11 所示。各个利益主体依照其在海洋工程建设中的功能及作用,归属于不同的层次。

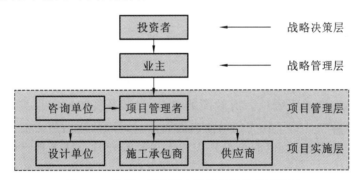

图 3-11　海洋工程项目主要利益相关者示意图

(1) 投资者

投资者是海洋工程项目中的战略决策层,是海洋工程项目的发起者,在海洋工程项目的前期策划和实施过程中做战略决策和宏观控制工作。

(2) 业主

业主是海洋工程建设项目中的战略管理层,以所有者的身份进行海洋工程项目全过程的管理工作,保证海洋工程项目目标的实现。其主要任务有确定海洋工程项目建设方案及组织战略;委托海洋工程项目任务,选择海洋工程项目经理和承包单位;提供海洋工程项目实施的物质条件,负责环境、决策层等方面的协调;对海洋工程项目进行宏观控制,给海洋工程项目管理层持续的支持。

(3) 海洋工程项目管理者

海洋工程项目管理层承担在海洋工程项目实施过程中的计划、协调、控制、监督等一系列具体的海洋工程项目管理工作,通常由业主委托海洋工程项目管理公司或咨询公司承担。在海洋工程项目组织中成立一个由海洋工程项目经理领导的海洋工程项目经理部,可以为业主提供有效的、独立的海洋工程项目管理服务。海洋工程项目管理层的主要责任是实现投资者的投资目的,保护业主的利益,保证海洋工程项目整体目标的实现。

（4）咨询单位

咨询单位作为投资者的代表对工程进行监督,对工程建设有关事项包括工程规模、设计标准、设计规划、生产工艺设计和使用功能要求,向投资者提供建议;审批工程施工组织设计和技术方案,提出建议;对工程上使用的材料和施工质量进行检验,对不符合设计要求、合同约定和国家质量标准的材料、构配件和设备,有权通知承包商停止使用;对不符合规范和质量标准的工序、分部分项工程和不安全施工作业,有权通知承包商停工整改、返工;对施工进度进行检查、监督等。

（5）海洋工程项目实施层

海洋工程项目实施层是由完成海洋工程项目设计、施工、供应等工作的单位构成,参与海洋工程项目实施的各单位都有各自的海洋工程项目管理工作。设计单位根据投资者的要求,依据工程勘察结果,对海洋工程项目进行设计,以达到投资者的期望,满足其投资的需要;施工承包商负责完成施工图设计或与工程配套的设计,将工程蓝图建设为实体;供应商负责为施工承包商提供其所需的各种施工材料和设备等。

3.4.2.2　海洋工程项目利益相关者之间的关系

（1）投资者与业主

在海洋工程项目建设中,投资者与业主是委托与被委托的关系。投资者作为海洋工程项目的发起人,对海洋工程项目有较高的要求,对其经济效益也很重视。为了更好地达到其目标,投资者往往将工程委托给业主进行建设、管理、运营等。业主也根据投资者的需求,制订相应的规划,以便能更好地完成海洋工程项目。两者都力求使自身利益最大化。

（2）业主与海洋工程项目管理者

在海洋工程项目建设中,业主与海洋工程项目管理者是委托与被委托的关系。业主作为投资者的委托代理人,对工程建设全权负责,但其仅能在资金、资源上发挥良好的作用。在海洋工程项目的具体建设中就要依靠海洋工程项目管理者所领导的专业管理机构来对整个海洋工程项目进行管理。

（3）咨询单位与海洋工程项目管理者

咨询单位与海洋工程项目管理者之间既相互监督又相互合作。投资者为了使海洋工程项目达到其要求,也为了防止海洋工程项目管理者、施工承包商弄虚作假,常常委托咨询单位对工程进行监督,以维护其自身利益。海洋工程项目管理者一方面配合咨询单位的工作,使工程建设按照既定要求进行施工;另一方面为了自身利益,又与咨询单位之间有利益冲突。

（4）投资者与海洋工程项目实施层

从组织结构图上看,投资者与海洋工程项目实施层之间只是间接地联系,但实际上,他们之间的利益关系十分重要,甚至对海洋工程项目建设有很大的影响。

　　海洋工程建设初期,投资者往往委托设计单位为其提供理想的海洋工程设计方案,设计单位也在此过程中获得其自身利益。

　　海洋工程建设中期,投资者为整个海洋工程项目进行资金的投入,为施工承包商提供各种资源以使其能够顺利地施工,对海洋工程建设的影响最大。承包商依赖投资者,并在海洋工程中获得其应有的利益。

　　在海洋工程建设中,供应商持续不断地为投资者提供海洋工程项目所需要的各种资源,并从中获得利益;而对于供应商的选择,投资者往往具有决定权,其对供应商的选择一方面要满足工程建设的需要,另一方面又要尽可能地压低供应价格。

　　(5) 咨询单位与海洋工程项目实施层

　　咨询单位作为投资者和业主的工程监督人,对海洋工程建设负有很大的责任,对海洋工程建设的影响很大。咨询单位与海洋工程项目实施层各单位的关系也比较复杂,不一而同。

　　在海洋工程建设的过程中,咨询单位需要依赖设计单位的设计资料对海洋工程进行监管,设计单位在此过程中配合咨询单位的工作,双方有一定的合作关系。

　　施工承包商与咨询单位的矛盾最大。承包商为了自身利益,往往存在着某些未完全按照海洋工程规范和要求的施工行为,甚至会做出危害海洋工程质量的行为,损害投资者和业主的利益;咨询单位作为投资者的代理人,对承包商的施工行为进行严格的监管,以使海洋工程项目能够达到投资者的预期目标,满足投资者的投资利益,并符合相关法律法规的规定。双方在海洋工程项目建设中的矛盾最大,且往往不可调和。

　　供应商相对来说受咨询单位的约束较小,与咨询单位的矛盾也不是太大。

　　在海洋工程项目建设中,相关利益团体的各方为了使自身利益最大化,彼此之间既有合作又有矛盾。只有清晰地认识各个利益主体的责任、承担的风险,并正确处理各方之间的关系,才能使海洋工程项目顺利地完成,达到既定的海洋工程建设的目的。

3.4.3　海洋工程项目组织文化

　　海洋工程项目管理作为现代管理方法在我国普遍推行以来,取得了显著效果,但在具体实践环节中也出现了不少问题。这些问题主要表现在:组织模式、责权不明确,组织责任不连贯,控制手段存在问题等。这些问题归结起来主要是执行的问题,即人的问题,而人的问题源于文化问题。

　　人在一定的文化氛围中,往往会形成一定的行为准则和行为规范,这对于现代工程管理组织的有效运行具有重要的推动作用,因此,构筑积极的海洋工程项目组织文化具有十分深远的意义。积极的海洋工程项目组织文化应包括以下内容:

　　(1) 人本管理

　　海洋工程项目组织的运作是建立在组织授权的基础上的,海洋工程项目管理要想成功,一定要贯彻人本管理的理念。要实现人本管理,主管人员必须培养指导型的管理风格,在管理上不断创新,在合理授权的基础上采取有效措施,确保组织成员有共同的目标和价值观,通过自我管理来实现组织的目标。

（2）充分授权

海洋工程项目管理的本质是授权管理，虽然海洋工程项目主管对某些专业有所了解，但不够全面，因此，海洋工程项目主管只能通过授权来完成海洋工程项目。管理者以综合协调者的身份，平衡海洋工程项目参与各方之间的矛盾和冲突，各项具体工作由被授权者独立处理，这样才能提高效率。

（3）平等民主

平等民主是海洋工程项目管理取得成功的基础。海洋工程项目参与各方是通过合同联系起来的，各方的地位是由其在海洋工程项目中承担的任务所决定的，组织的运作要靠合同来维系。尽管在海洋工程项目组织内部有领导和被领导的关系，但参与的各方都是合同关系，这就使得主管人员不能依靠权力来解决海洋工程项目中出现的问题，而必须依靠合同和法律来解决。从这个意义上讲，海洋工程项目组织内部的各参与方是平等的。

（4）诚实信用

海洋工程项目参与各方只有相互信任，才能保证海洋工程项目的高效运行。海洋工程项目管理采用协作的模式，要求人们在合作过程中诚实守信。海洋工程项目参与各方是通过合同结合的，海洋工程项目能否成功取决于合同实施状况，这就要求各方讲究诚信。

（5）透明管理

海洋工程项目管理实行目标管理，海洋工程项目参与各方的权利、义务都有明确的合同文本规定，各方的信息交流都是双向的，因此，彼此的权利和义务都是相互制衡的，这就要求海洋工程项目管理透明。此外，海洋工程项目目标管理要求海洋工程项目参与各方通过评价海洋工程项目各阶段目标和合同目标实现的程度，来评价海洋工程项目实施和管理的绩效，因此，海洋工程项目的评价标准也是透明的。

3.5　海洋强国背景下的海洋工程项目管理特色

海洋工程项目具有涉及专业多、关联性强的特点。海洋工程项目涉及专业包括钢结构、机械、配管、电气、仪表、通信、水下工程、防腐、大型船舶等领域。海洋工程项目在管理运作时细化为不同部门进行管理推进，包括涉及导管架、组块、水下结构等的结构部门，涉及海底管道的海管部门，涉及专门技术、费用、合同、计划、行政、环保与安全的各部门。有的海洋工程项目组甚至可以达到 10 个部门之多，海洋工程项目内许多部门之间存在着交错关系。在海洋工程项目管理中各个职能部门之间需要互相协作、相互联系。各部门只有相互协作好才能促进海洋工程项目顺利进行，如果职能部门配合不好，就可能阻碍海洋工程项目进行。海洋工程项目具有生产周期长、涉及环节多的特点。完整的海上油气开发是复杂庞大的多元化系统性工程，它由勘探、钻井、设计、建造、海上运输和安装、试生产等环节构成。一般针对海洋工程的 EPCI 方式指设计、采办、建造、安装。海洋工程项目管理需要将设计、采办、建造和安装阶段进行统一策划、统一组织、统一协调，实行全过程的进度、费用、质量、HSE

控制,同时协调整个环节同时运作,以确保尽快实现海洋工程项目目标。

海洋工程项目具有风险性大、质量要求高的特点。海洋结构物所面对的是各种各样的恶劣海洋环境。巨浪、潮流、海啸、地震等复杂恶劣的海洋环境决定着海洋工程具有高危性,因而对安全、环境、质量的控制要求必须严格。海洋工程类事故不仅给公司利益造成巨大损失,有的甚至给国家造成灾难性后果,像 2010 年 4 月 20 日,墨西哥湾油井爆炸,井口喷发造成石油泄露,这场灾难成为美国的国家灾难,同时给海洋生态环境带来巨大危机。我国的蓬莱 19-3 油田出现的溢油事故也给国家造成了很大损失。目前,各国家政府也正日益加大对海洋类工程安全性的评估、环境健康安全的评估。

海洋工程项目管理在海洋工程建设中占有重要地位,是海洋工程发展的重要组成部分。海洋工程项目建设的安全、效益和质量都离不开高效的海洋工程项目管理。目前,国内外关于海洋标准项目的管理研究还比较少,我国在这一方面还存在很大的发展空间。为了提高海洋工程项目管理效率,必须联系当前的管理现状,与实际相结合,不断地探索和实践,及时总结经验,克服在这个领域的缺陷,促进我国海洋工程项目管理技术的标准化和科学性。

国内海洋工程的发展方向逐渐国际化,为了让海洋工程项目管理得到快速有效的高质量发展,海洋工程采取适当的海洋工程项目管理模式能够在很大程度上提升海洋工程项目的建设质量和建设成效。海洋工程项目管理效率的有效提升是海洋工程各大项目效率提升的根本和重要方法,结合海洋工程项目的特点来弥补缺陷,可以在提高管理效率的同时,完善海洋工程项目管理体系,使得海洋工程项目建设进一步得到发展和认同,使海洋工程项目达到国际水平,不断提升我国在海洋工程项目建设的管理能力与水平。

"一带一路"是中国政府提出的国际战略框架,将致力于亚欧非大陆及附近海洋的互联互通,建立和加强沿线各国互联互通伙伴关系,构建全方位、多层次、复合型的互联互通网络,实现沿线各国多元、自主、平衡、可持续的发展。

【小结】

本章首先从组织设计的维度、目标、构成、分类和理论论述了组织设计的必要性,其次介绍了组织设计的研究内容,然后分析了海洋工程项目管理的项目结构、组织结构和合同结构。给出了海洋工程项目组织的主要内容,包括规划管理与组织设计、组织分工、工作流程组织。最后分析了组织文化有关因素。

【关键术语】

组织(organizations):具有明确的目标导向和精心设计的结构与有意识协调的活动系统,同时又同外部环境保持密切联系的一个社会实体。

效率(efficiency):用来达到组织目标的资源量,是基于为获得一定水平的产出而投入的必要的原材料、金钱和雇员的数量。

效果(effectiveness):组织达到其目标的程度。

组织结构(organizational structure):组织内部各构成部分和各部分间所确立的较为稳定的相互关系和联系方式。

组织设计(organizations designing):管理者将组织内各要素进行合理组合,建立和实施一种特定组织结构的过程。

利益相关者(stakeholder):组织外部环境中受组织决策和行动影响的任何相关者。

混沌理论(chaos theory):一种兼具质性思考与量化分析的方法,用来探讨动态系统(如人口移动、化学反应、气象变化、社会行为等)中必须用整体、连续的而不是单一的数据关系才能加以解释和预测的行为。

【讨论与案例分析】

【**案例 3-1**】 龙泉至浦城(浙闽界)高速公路组织设计

龙泉至浦城(浙闽界)高速公路已经投入具有丰富的高速公路施工经验的精兵强将来组建项目管理机构,在本项目中实行项目管理制,设立以项目经理为首的项目经理部对本项目的实施进行全过程、全方位的管理,即项目经理负责制,项目经理全权负责本工程现场的施工管理、施工技术、工程质量、施工进度、安全生产、材料采购、机械设备保障、文明施工、环境保护等工作。

(1)项目经理部组织机构(图 3-12)

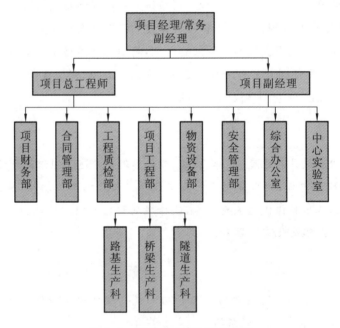

图 3-12 项目经理部组织机构图

（2）各部门主要工作（表 3-5）

表 3-5　各部门的主要工作

序号	部门		工作范围
1	项目经理		全面负责项目部的日常工作
2	常务副经理、总工程师		协助项目经理负责项目部的日常工作
3	项目副经理		安全、生产、计量工作
4	项目副总工程师		工程技术、试验、质检
5	项目部职能部门	工程质检部	工程技术、项目的质量工作
6		合同管理部	合同管理、计量、统计
7		安全管理部	安全生产管理、社会综合治理
8		路基生产科	本项目的路基工程，分管 1 个路基作业组和 3 个涵洞作业组
9		桥梁生产科	本项目的桥梁工程，分管 2 个桥梁作业组和 1 个预制场作业组
10		隧道生产科	本项目的隧道工程，分管 2 个隧道作业组
11		中心实验室	本工程的全部试验
12		物资设备部	本工程材料供应、机械设备管理
13		项目财务部	本项目的财务工作
14		综合办公室	后勤工作与贯标工作的文件收发

4 海洋工程项目管理团队建设

【本章核心概念及定义】

    1. 海洋工程项目经理的定义、作用、地位；

    2. 海洋工程项目经理的素质与技能；

    3. 海洋工程项目团队组建内容。

4.1 海洋工程项目经理概述

4.1.1 海洋工程项目经理的含义、地位及作用

4.1.1.1 海洋工程项目经理的含义

海洋工程项目经理是海洋工程项目的领导人和决策人,海洋工程项目的项目经理是受海洋工程项目承担单位的法定代表指派,在该海洋工程项目上的全权委托代理人,是负责海洋工程项目组织、计划及实施过程,处理有关内外关系,保证海洋工程项目目标实现的海洋工程项目负责人,是海洋工程项目的直接领导与组织者。严格意义上说,只负责沟通、传递指令,而不能或无权对海洋工程项目制订计划、进行组织实施的负责人不能被称为海洋工程项目经理,只能被称为协调人。

4.1.1.2 海洋工程项目经理的地位

项目经理部是海洋工程项目组织的核心,而项目经理负责领导海洋工程项目经理部工作,所以项目经理居于整个海洋工程项目的核心地位,对整个海洋工程项目经理部以及整个海洋工程项目起着举足轻重的作用,对海洋工程项目的成功有决定性影响。

海洋工程项目经理还有以下地位：

(1) 海洋工程项目委托人的代表；

(2) 海洋工程项目全过程管理的核心；

(3) 海洋工程项目班子的领导者；

(4) 海洋工程项目有关各方协调配合的桥梁和纽带。

4.1.1.3 海洋工程项目经理的作用

海洋工程项目管理的组织特征是严格地实行海洋工程项目经理负责制。在海洋工程项目管理过程中,海洋工程项目经理在总体上负责全面工作,控制海洋工程项目建设的全过程,如图 4-1 所示。

图 4-1　海洋工程项目经理全过程管理示意图

（1）海洋工程项目经理是海洋工程项目活动的决策者

海洋工程项目建设的特点决定了海洋工程项目是一个复杂的开放系统。其实施全程要求有一个管理整个系统的全权负责人，这就是甲、乙双方的海洋工程项目经理。不管采取何种海洋工程项目的组织形式，都应将海洋工程项目经理作为该组织系统的决策者，只有这样，才能保证海洋工程项目建设按照客观规律和统一意志，高效率地达到预期目标。

（2）海洋工程项目经理是海洋工程项目组织工作的协调者

一个大型复杂的海洋工程项目牵涉许多部门和单位，而海洋工程项目经理就是协调海洋工程项目有关各方配合的桥梁和纽带，也是组织工作的调度中心。海洋工程项目管理又是一个动态的管理过程，在海洋工程项目实施过程中，众多的组成部分、复杂的人际关系，必然会产生各种矛盾、冲突和纠纷，而负责沟通、协商和解决这些矛盾的关键人物就是海洋工程项目经理。

（3）海洋工程项目经理是海洋工程项目合同的代表人

海洋工程项目主要是以经济方法和法律为基础实施管理的。海洋工程项目各方是以合同关系联结在一起的。项目经理作为法人代表，是履行合同义务、执行合同条款、承担合同责任、处理合同变更和行使合同权力的合法当事人。海洋工程项目经理的权力、责任和义务，受到法律的约束和保护，按合同履约也是海洋工程项目经理一切行动的准则。

（4）海洋工程项目经理是海洋工程项目实施过程的控制者

海洋工程项目的管理过程是一个决策过程，其实质是一个信息的变换过程。为了有效地进行信息沟通以及对海洋工程项目进行控制，海洋工程项目经理既处于信息中心，又处于控制中心。海洋工程项目经理是海洋工程项目实施过程中各种重要信息、指令、目标、计划和办法的发起者和控制者，他依据信息反馈，不断地对海洋工程项目的实施过程进行调整和控制。

4.1.2　海洋工程项目经理的职责

海洋工程项目经理的任务就是要对海洋工程项目实行全面的管理，具体体现在对海洋工程项目目标要有一个全局的观点，并负责制订计划，报告海洋工程项目进展，控制反馈，组建团队，在必要的时候进行组织谈判并解决冲突。海洋工程项目经理的具体职责如下：

（1）保证海洋工程项目的进程与业主设定的目标相一致，使海洋工程项目能够成功实施，顺利地达到既定目标，让用户满意。

（2）在确保海洋工程项目质量的前提下，对分配给海洋工程项目的资源进行适当管理，保证在资源约束条件下所得到的资源能够被充分地利用。

（3）在海洋工程项目的进程中，对海洋工程项目实施的全过程进行计划、监督与控制，建立信息沟通渠道,对于可能出现的矛盾、纠纷与问题,要能够及时化解与平衡。

(4)保证海洋工程项目的整体性,组织与协调好相关的部门及人员调配,确保海洋工程项目的衔接顺畅。

(5)加强海洋工程项目部的团队建设,建立健全相应的绩效考评机制,为海洋工程项目部成员提供良好的工作与生活环境,加强海洋工程项目部成员的向心力与凝聚力。

(6)履行合同义务、执行合同条款、承担合同责任、处理合同变更和行使合同权力。

4.1.3 海洋工程项目经理的职权及授权原则

4.1.3.1 海洋工程项目经理的职权

海洋工程项目经理负责制是现代海洋工程项目管理的突出特点,对海洋工程项目经理充分授权是项目经理正常履行职责的前提,也是海洋工程项目管理取得成功的基本保证。只有给海洋工程项目经理授予合适的权力,才能保证海洋工程项目的顺利实施。海洋工程项目经理的具体职权如下:

(1)人事权

海洋工程项目经理在其管辖范围内,具有人事权。它包括海洋工程项目管理团队组建时的人员选择、考核和任免权;对高级人才调入的建议和选择权;对海洋工程项目团队内成员的任免、指挥、考核、奖惩;在其管辖范围内协调海洋工程项目相关的内外部关系等。

(2)财务权

海洋工程项目经理拥有承包范围内的财务决策权,在财务制度允许的范围内,项目经理有权决定有关海洋工程项目资金的投入和使用,进行合理的经济分配。

(3)技术决策权

技术决策是海洋工程项目实施的重大决策,海洋工程项目经理拥有技术决策控制权。海洋工程项目经理并不需要处理具体技术问题,其职责主要在于审查和批准重大技术措施和技术方案,以防止技术决策失误,造成重大损失。

(4)采购控制权

海洋工程项目经理对于海洋工程项目建设所需要采购的设备、物资和材料具有决定权,其主要是对不同的采购方案、采购目标及到货要求进行决策把关,而不是直接干涉具体采购业务。

(5)进度计划控制权

海洋工程项目经理不需要参与和干涉具体进度计划的编排,而是根据海洋工程项目总目标,将其进度与阶段性目标、资源平衡与优化、工期压缩与造价控制进行统筹判断,针对网络计划反映出来的拖期或超前信息,对整个海洋工程项目的人力、物力进行统一调配,以便对整个海洋工程项目进行有效的控制。

4.1.3.2 海洋工程项目经理的授权原则

海洋工程项目经理需要业主方的诸多授权才能够满足海洋工程项目的实际需要,但绝对的权力也容易滋生腐败,更容易造成个人的自我膨胀。因此,对海洋工程项目经理授权的依据主要是权责一致、权能匹配的原则,即依据海洋工程项目经理所担负的职责和任务,结合个人的实际工作能力,授予海洋工程项目经理相应的职权及其范围。具体授权应根据海

洋工程项目的不同具体情况,予以区别对待,具体原则如下:

(1)按预期成果授权的原则

按预期成果授权的原则即按确定的目标及编制的计划所要达到的预期成果,对实施各相应计划的下属授权的原则。所谓下属,即按照计划与目标而设置的必要职位。

(2)职能界限的原则

职能界限的原则即按职务和部门的预期成果,对从事相关职能部门工作的各职能人员,按职能界限授予其相适应的权力。职权和信息交流的界限越明确,就越能充分地促进海洋工程项目目标的实现。这既是授权的原则,也是部门划分的原则。

(3)等级原则

等级原则即从海洋工程项目经理到基层,必须形成一个指挥等级,从上到下的职权系统越明确,则决策和组织的通信联络就越有成效。

(4)职权—管理层次原则

职权—管理层次原则即职能界限原则加上等级原则所共同构成的原则。在某一个组织层次上的职权的存在,显然是为了在其职权范围内作出某种决策。各级经理及主管人员应该按照组织所授予的职权作出本级的决策,只有决策界限超出其职权范围时,才可以提交给上级。

(5)统一指挥原则

统一指挥原则即按线性系统领导的原则,越是单线领导,在发布指示中互相冲突的情况就越少,个人对成果的责任感就越强。因为职责在实质上是对个人而言的,如果由两名以上的上级给同一名下属授权,很可能产生职权与职责两者的矛盾。统一指挥的原则有利于澄清职权与职责的关系。

(6)职责绝对性原则

由于职责作为一种应该承担的义务是不可能授予别人的,即职权可以授予,但职责却不能授予。因此,即使上级通过授权给下级下达任务,也不可能逃避他对下属的业务工作授权与委派任务的职责。同样,下属对上级负责也是绝对的,一旦下属接受了委派,就有义务全力地贯彻执行。

(7)职责和职权对等原则

由于职权就是执行任务时的决定权,职责是完成任务的义务,所以职权与职责一定要相符。

4.1.4　海洋工程项目经理的设置

传统意义上的海洋工程项目经理更多的指的是负责施工过程的海洋工程项目经理,而当前随着海洋工程项目全生命周期理念的不断深入,海洋工程项目经理的含义也更趋近于多元化。

(1)业主项目经理

业主的项目经理是受建设单位委派,领导和组织一个完整海洋工程项目建设的总负责人,是落实业主现场管理职责的第一责任人。

(2)咨询机构的项目经理

当海洋工程项目比较复杂而业主又没有足够的人员组建一个能胜任管理任务的管理团队时,就需要委托咨询机构来组建一个代替业主单位来进行海洋工程项目管理的咨询团队,这个咨询团队的总负责人即为项目经理。

（3）设计单位的项目经理

设计单位的项目经理是指设计单位领导和组织一个海洋工程项目设计的总负责人，其职责是负责海洋工程项目设计工作的全部计划、监督和联系工作。

（4）施工单位的项目经理

施工单位的项目经理即施工单位对一个海洋工程项目施工过程领导和组织的总负责人，是施工项目经理部的负责人和组织者。

4.1.5　海洋工程项目经理的工作内容

海洋工程项目经理的工作程序从开始接受委托或任命起正式启动，在海洋工程项目经理接受委托或任命时要注意在委托合同及任命文件中明确海洋工程项目经理的工作职责、权限、工作任务及目标、报酬及奖罚等。海洋工程项目经理正式开始工作后，要经过建立工作基础、正式启动海洋工程项目、管理团队工作和结束海洋工程项目等步骤，主要内容如表4-1所示。

表 4-1　海洋工程项目经理的主要工作内容

	具体工作	主要任务
建立工作基础	1.了解海洋工程项目情况及工作任务	将问题研究透彻，拟定初步的工作思路
	2.分析海洋工程项目相关人员，即采用一定的分析方法对内部、外部人员及其他相关群体进行分析。在海洋工程项目团队组建时对相关群体进行识别与分析，以确定海洋工程项目团队的成员及相关关键人员	①使海洋工程项目经理了解海洋工程项目所涉及的各方关系；②有利于确定合适的海洋工程项目团队成员
	3.编制海洋工程项目工作大纲。海洋工程项目工作大纲是指导海洋工程项目工作的纲领性文件，是海洋工程项目经理工作的重要内容之一，实际工作中海洋工程项目工作大纲的有关内容往往是在海洋工程项目正式确定之前就明确下来了，海洋工程项目经理往往是海洋工程项目工作大纲的准备者之一。在海洋工程项目正式确定后，海洋工程项目经理应尽快组织完成相关工作的正式文件，并与海洋工程项目委托方取得一致意见	所完成的海洋工程项目工作大纲主要应包括以下几方面的内容：海洋工程项目的名称、海洋工程项目基本情况、海洋工程项目团队工作目标与任务、海洋工程项目工作进度计划、海洋工程项目团队组成与分工、海洋工程项目费用预算计划等

	具体工作	主要任务
正式启动海洋工程项目	4.组建海洋工程项目团队:根据完成海洋工程项目的任务需要,经过多方面的商讨等工作,海洋工程项目经理确定了团队成员后,海洋工程项目团队即正式成立	海洋工程项目经理要完成以下工作: ①根据海洋工程项目团队的工作目标与任务、人员分布的具体情况,进行权责划分,确定团队成员的工作职责; ②建立职责关系图并进行工作流程设计; ③在组建团队过程中,海洋工程项目经理要向待选人员说明海洋工程项目目标、意义及工作范围,选择团队成员的标准等
	5.召开海洋工程项目启动会议	海洋工程项目启动会议的主要内容: ①宣布海洋工程项目开始并介绍海洋工程项目团队成员; ②简要介绍海洋工程项目基本情况及工作计划; ③宣布并落实人员分工; ④公布工作程序与规则; ⑤明确内部沟通方式
	6.组织制订海洋工程项目团队各项具体工作计划	①从管理内容的角度不同,可分为费用计划、进度计划、质量计划、人力资源计划、信息管理计划、沟通计划等; ②从海洋工程项目要素构成方面看,可分为海洋工程项目技术计划、资金计划、原材料计划等
管理团队工作	7.开展海洋工程项目实施中的指导	①海洋工程项目经理对团队进行工作任务分工,明确工作要求(时间、费用和质量的标准); ②对团队成员工作的方法进行指导; ③解决团队工作中的困难与问题; ④培养团队精神
	8.对海洋工程项目全过程进行全面控制	海洋工程项目经理进行全过程控制的关键是对团队成员进行有效控制,主要有以下几点: ①合理分工与适度授权; ②建立和保持畅通的信息渠道; ③常规性检查与监督; ④及时进行必要的调整

续表 4-1

具体工作		主要任务
管理团队工作	9.做好内外关系的协调	①与委托方或顾客及时有效地沟通; ②与海洋工程项目所在单位的有关领导及职能部门保持信息的畅通; ③在团队内部形成统一、有序、高效的工作氛围
结束海洋工程项目	10.海洋工程项目结束阶段,即总结阶段	①海洋工程项目成果总结与报送; ②海洋工程项目资料整理; ③海洋工程项目后续工作安排; ④宣布海洋工程项目团队工作结束并规划下一海洋工程项目工作

4.2 海洋工程项目经理的素质和技能

作为海洋工程项目的管理者、负责人,海洋工程项目经理是海洋工程项目部的灵魂,是决定海洋工程项目成败的关键人物。因此,海洋工程项目经理的知识结构、经验水平、管理水平、组织能力、领导艺术,都对海洋工程项目管理的成败有决定性的作用。

4.2.1 海洋工程项目经理的素质

(1)品格素质

海洋工程项目经理应具有良好的道德品质、高度的事业心和责任感,认真履行国家的法律法规和方针政策,必须有工作的积极性、热情和敬业精神,勇于挑战,对海洋工程项目建设具有献身精神。既要考虑海洋工程项目的经济利益,也要考虑海洋工程项目的社会效益。海洋工程项目的各项工作都系于海洋工程项目经理一身,因此,海洋工程项目经理所具备的良好品格也是海洋工程项目成功的要素之一。

(2)技术素养

海洋工程项目经理应熟悉海洋工程项目建设的客观规律及基本建设程序,应掌握基本建设的方针、政策,对专业技术知识的掌握应有一定的深度。其专业特长应和海洋工程项目专业技术相适应,特别是大型复杂海洋工程项目,其工艺、技术、设备专业性很强,作为海洋工程项目实施的决策者,不精通技术就无法做到科学决策,从而影响海洋工程项目的建设。

(3)创新精神

海洋工程项目经理在每一次海洋工程项目管理中都可以积累到工作经验,经验积累得越多、越丰富,处理问题的速度就越快。但是这样一来在工作过程中就会过分依赖经验,最后形成思维定势,这对于项目管理来说是不利的。所以,海洋工程项目经理需要有一定的创新精神,尝试从不同的角度,使用不同的手段处理问题。具备一定的创新精神可以促使项目经理追求工作的完美,追求高的目标,脱离保守的海洋工程项目计划,引领海洋工程项目取得成功。

（4）合作精神

一个海洋工程项目实施过程中需要相关各方的努力,这就需要海洋工程项目经理有合作精神。海洋工程项目经理要能够与他人共事,具有全局观念,处理事情公平、公开,与他人共商工作事宜,共同完成工作任务并分享工作经验和成果。

（5）心理素质

海洋工程项目经理的心理素质对于做出正确的管理决定有着重要影响。海洋工程项目经理必须学会沉着应对海洋工程项目团队中所有的人。如果遇到的是行家或专家,跟这些人"对弈",考验的是总承包海洋工程项目经理的专业知识面和沟通能力,否则"队伍不好带"。同样,当面对"来者不善"或者"无事生非"的情况时,考验的是总承包海洋工程项目经理的社会阅历和"忍辱负重"的心理承受能力,有时可能还会触及做人的底线甚至是人格尊严。正因如此,海洋工程项目经理需要随时面对和化解各类尴尬、窘境、困难和挑战,必须不断革新自己,努力把自己变成一个博学家。

同时,海洋工程项目经理还需学会"借力打力"。总承包海洋工程项目经理遇到超越自身权限或亟须领导支持方可解决的难事,要努力说服自己不厌其烦地向领导"借力"。在企业现有的规章制度及管理约束下,若遇到自己难以协调的问题或确需得到领导支持方可实施的事情,务必做足沟通工作,积极主动地向相关领导汇报并提出请求,提出自己的想法和主张,也可向领导提供可靠的原始资料或可借鉴的成功案例,从辅助领导决策并降低领导决策难度和压力的立场出发,始终坚持以服务的意识和行动来影响领导做出有利于海洋工程项目团队和海洋工程项目履约的决策。

（6）忠诚度

海洋工程项目经理的忠诚度管理是决定雇主企业在激烈的市场竞争中能否长期稳定发展,始终处于有利竞争地位的重要管理指标之一。

海洋工程项目经理的高度忠诚有利于雇主企业的生存和发展。海洋工程项目经理的高度忠诚意味着其热爱建筑事业,愿意在海洋工程项目中努力工作,实现雇主企业的建设目标,带领其建设团队按时保质保量地将海洋工程项目建设好,增强雇主企业的竞争力。高忠诚度的海洋工程项目经理能降低对企业及其他利益相关者的不利影响。建筑行业不同于其他行业,建设产品质量的好坏直接影响人们的生命安全,因此海洋工程项目经理在其工作中做到忠于雇主企业,不泄露工程信息、不收受贿赂、遵守合同规定,将海洋工程项目按时保质建设好,能有效减少对业主及其他利益相关者的不利影响。

4.2.2 海洋工程项目经理的技能

（1）组织与协调

海洋工程项目实施过程中会出现各种意想不到的情况。因此,需要海洋工程项目经理具有较强的组织与协调能力,灵活应变,及时解决突发状况和协调矛盾。此外,在实际的海洋工程运作中,海洋工程项目经理需要统筹全局,协调好各部分之间的关系,使之在海洋工程项目运作中能够顺畅衔接,保证海洋工程项目建设的整体性。

（2）沟通与谈判

有效的沟通是海洋工程项目顺利进行的保证。在海洋工程项目实施过程中,海洋工程项目经理需要通过多种渠道保持与海洋工程项目团队及分包商、客户方、公司上级的定期交流沟通,及时了解海洋工程项目的进程、存在的问题以及获得有益的建议。此外,海洋工程项目的工作不可能是完全封闭性的,或多或少要与外部发生业务上的联系,包括谈判与合作。所以,一定的社交与谈判能力也是海洋工程项目经理所应该具备的,尤其是在开放程度大、社会合作性强的海洋工程项目上,这点就更为重要。

（3）资源分配

海洋工程项目建设所能得到的资源总量是有限的,而海洋工程项目中所出现的各种突发情况又在不断地消耗既定资源,这就需要海洋工程项目经理具有合理分配和使用海洋工程项目资源的能力。海洋工程项目经理在实际的执行过程中,应该预先做好风险管理及合同管理,严格按既定章程与原则处理资源问题。此外,要能够充分利用既有资源,注重沟通与协调,提高有限资源的利用率。

（4）团队建设与领导

"滴水不成海,独木难成林。"一个人能力再强,其起到的效果也是有限的。海洋工程项目的建设环节众多,海洋工程项目经理需要具有较强的团队意识及团队建设能力,带领海洋工程项目团队更为高效地完成海洋工程项目管理。要能够做到合理地选择相关人员,做到人尽其才,关心和扶持海洋工程项目部成员的生活与发展,不断增强海洋工程项目部整体的凝聚力与向心力。

4.3 海洋工程项目团队的建设

4.3.1 海洋工程项目经理部的概述

海洋工程项目中标后,企业必须在施工现场设立海洋工程项目经理部。海洋工程项目经理部是施工企业为了完成某项海洋工程施工任务而设立的组织,由海洋工程项目经理在企业的支持下组建并领导、进行海洋工程项目管理的组织机构。海洋工程项目经理部也是一个海洋工程项目经理（海洋工程项目法人）与技术、生产、材料、成本等管理人员组成的海洋工程项目管理团队,是一次性的、具有弹性的现场生产组织机构。

一般而言,海洋工程项目经理部的设立有以下步骤:

（1）依据批准的"施工组织设计",确定海洋工程项目经理部的管理任务和组织形式。

（2）确定海洋工程项目管理岗位、人员职责与权限。海洋工程项目经理部的管理岗位设置,应贯彻"因事设岗、职责相符"的原则,明确各岗位的权、责、利和考核标准,定期实施检查、考核和奖惩。

（3）管理任务由海洋工程项目经理依据"海洋工程项目管理目标责任书"进行目标分解。

（4）组织有关人员制定规章制度和目标责任考核、奖惩制度。

一个海洋工程项目经理部原则上只承担一个海洋工程项目的施工管理，若在同一地区同时承担其他海洋工程项目管理的，必须明确海洋工程项目责任人，实行海洋工程项目单独核算，总体考核。

海洋工程项目经理部直属海洋工程项目经理领导，接受企业管理层指导、监督、检查和考核。海洋工程项目经理部在海洋工程项目竣工验收、审计完成后解体或承接新的施工项目。

4.3.2 海洋工程项目部的团队建设

海洋工程项目团队指的是海洋工程项目经理及其领导下的海洋工程项目经理部和各职能管理部门，由为实现海洋工程项目目标而协同工作的海洋工程项目组成员组成。由于海洋工程项目坚持动态管理的原则，其资源也在不间断地进行整合。随着海洋工程项目的进展，海洋工程项目团队成员的数量、工作内容和职务常有变化，因此，海洋工程项目团队建设对保证海洋工程项目成功具有重大意义。

海洋工程项目团队建设应符合下列规定：

① 建立团队管理机制和工作模式；

② 各方步调一致，协同工作；

③ 制定团队成员沟通制度，建立畅通的信息沟通渠道和各方共享的信息平台。

海洋工程项目团队依据海洋工程项目团队建设相关规定进行组建，需要其他工作予以辅助，实现强有力的团队组建，从而实现成功的海洋工程项目管理：

（1）建立团队机制

海洋工程项目经理部应树立团队意识，明确工作目标，建立协同工作的管理机制和工作模式，形成和谐一致、高效运行的海洋工程项目团队。

（2）加强团队沟通

海洋工程项目经理部应有针对性地对海洋工程项目团队成员进行海洋工程项目团队理念的渲染，要根据海洋工程项目的组建阶段、磨合阶段、规范阶段、成效阶段和调整阶段等不同阶段采取相应的对策，最终形成拥有共同目标、合理分工与协作、具有高度凝聚力以及能够有效沟通的良好局面。

（3）树立团队目标

海洋工程项目管理不仅仅需要办公场所、设备、人员、计划和合同文件等有形之物，而且需要共同的目标、信念等诸多无形之物。海洋工程项目文化建设应在企业文化建设的基础上，结合海洋工程项目的具体情况，重点突出团队精神、团队价值观、团队目标、团队道德规范和团队制度等，以构建起团队文化载体的内涵。良好的团队文化会激励全体成员团结一心,奋发向上,极大地增强团队的凝聚力。

（4）提高团队责任感

海洋工程项目经理应对海洋工程项目团队建设负责,通过定期评估团队运行绩效、表彰、奖励和学习交流等方式营造团队和谐气氛,统一团队思想,提升团队观念,培育团队精神,充分调动和发挥海洋工程项目经理部成员的积极性和责任感。

海洋工程项目团队建设的主题是加强组织成员的团队意识,树立团队精神,统一思想,步调一致,沟通顺畅,运作高效。海洋工程项目经理是海洋工程项目团队的核心,应起到模范和表率作用,通过自身的言行、素质调动广大成员的工作积极性和向心力,善于用人和激励进取,从而形成一个积极向上、凝聚力强的海洋工程项目管理团队。

实例应用

京沪高速铁路 JHTJ-A 标启动之初的主要工作是正式工程开工及展开前的各项准备工作。由于施工项目比较复杂,覆盖领域比较庞大,为了加强项目管理,必须在施工的过程中加强对生态环境的保护,保障工程的工期、施工的安全和质量。针对项目施工的要求,全面推进工程建设,并进行现场施工的考察,最终确定组建"京沪高速铁路 JHTJ-A 标 B 工区经理部"承担本管段的施工任务。

工区经理部设五部两室,即工程管理部、技术质量部、财务会计部、合同成本部、物资设备部、综合管理办公室及实验室。根据项目特点和工程情况,工区经理部下设 1 个工程大队、2 个桥梁厂、1 个材料厂,并与有关科研机构联合进行技术创新。工区经理部及各作业队主要工程技术和管理人员均由公司直接抽调具有丰富的国内铁路干线和客运专线施工经验、专业技术能力强、综合素质高,曾参与过国内大型铁路干线建设、客专线大型整孔箱梁架梁工程施工任务的工程技术和管理人员。但仅仅以工作经验和专业技术作为选择工区经理部的依据,并未制定具体而详细的选择标准。项目经理也仅以工作经验选择项目团队的其他成员。

领导班子到位之后,按照项目的目标和各个阶段的进展以及时间、技术、负责人方面的安排,以会议的形式进行公布,并为各个层级的成员的初步沟通留下时间。在对各个成员的具体工作进行详细安排后,项目各个团队的负责人到位,对于项目中需要涉及的制度、安全性问题、项目目标等向团队成员进行了传达。各个团队的职责范畴和岗位需要在传递之后,项目开始运转。

【小结】

本章首先介绍了海洋工程项目领导人的含义、作用和地位,明确海洋工程项目经理在海洋工程项目管理中的核心地位,以及海洋工程项目经理所应具备的素质与技能;还介绍了海洋工程项目团队组建的相关内容和规定。

海洋工程项目团队组建对于海洋工程项目管理来说具有重要意义,成功的海洋工程项目管理不可能仅靠一个人,而必须依靠一群投身于完成某特定目标的人。

【关 键 术 语】

海洋工程项目经理(ocean project manager):是受海洋工程项目承担单位的法定代表指派,在该海洋工程项目上的全权委托代理人,是负责海洋工程项目组织、计划及实施过程,处理有关内外关系,保证海洋工程项目目标实现的海洋工程项目负责人,是海洋工程项目的直接领导与组织者。

海洋工程项目经理部(ocean project management team):是施工企业为了完成某项海洋工程施工任务而设立的组织,由海洋工程项目经理在企业的支持下组建并领导、进行海洋工程项目管理的组织机构。

海洋工程项目团队(ocean project team):指的是海洋工程项目经理及其领导下的海洋工程项目经理部和各职能管理部门,由为实现海洋工程项目目标而协同工作的海洋工程项目组成员组成。

【讨 论 与 案 例 分 析】

【案例 4-1】 通明海特大桥管理实例

通明海特大桥由广东省南粤交通投资建设有限公司承建,广东省交通规划设计研究院股份有限公司设计。通明海特大桥主桥采用主跨 338m 双塔双索面叠合梁斜拉桥方案,A 形塔,桥跨布置为 146m+338m+146m。引桥采用 50m 跨径现浇箱梁+25m 预制小箱梁。东岸引桥,全长 1125m,桥跨布置 23×25+11×50=1125m。西岸引桥,全长 4000m,桥跨布置 71×50+18×25=4000m。

海洋工程项目团队职责划分:

本标段海洋工程项目现场设:海洋工程项目经理一名,负责全海洋工程项目工作;海洋工程项目副经理两名,一名专项负责现场安全管理,另一名负责现场生产管理、环境保护及水土保持等;海洋工程项目总工程师一名,负责现场技术质量管理等;海洋工程项目书记一名,专项负责征地拆迁及外部协调工作。

(1)海洋工程项目经理

① 全面主持海洋工程项目施工的工作,代表公司履行海洋工程项目施工合同;代表公司处理公司与业主、公司与咨询工程师、公司与地方的关系。

② 全面负责施工项目的组织管理,核准海洋工程项目部的机构设置、职能分配,合理利用海洋工程项目的各项资源。

③ 组织编制海洋工程项目交竣工验收文件、工程总结文件、工程结算文件,组织工程进退场等工作。

(2)海洋工程总工程师

① 组织学习、复核工程施工图纸和设计文件,组织技术交底工作。

② 组织编制海洋工程项目的施工组织设计。

③ 参加设计文件的技术交底会议和重要部位的工艺设计技术交底会议。

④ 组织编制施工技术总结,督促做好施工记录、变更设计等资料管理工作。

（3）海洋工程项目副经理

① 组织召开海洋工程项目日常生产调度会议,协调海洋工程项目工班、专业分队、管理部门之间的工作关系。

② 合理安排施工生产计划,合理组织各项资源的运用,确保按期完成施工任务。

③ 负责现场施工安全及保卫工作,管理机械材料的使用。

（4）海洋工程项目书记

① 做好经常性的思想政治工作,了解掌握海洋工程项目职工的思想、工作和学习情况,发现问题及时解决,充分调动职工的积极性。

② 制订支部工作计划并组织实施。

③ 内部人员及劳资管理。

5　海洋工程项目目标控制理论

【本章核心概念及定义】

1. 目标控制的含义和分类；
2. 动态控制和 PDCA 循环原理的概念；
3. 动态控制原理的应用。

5.1　海洋工程项目目标控制的概念及分类

在海洋工程项目实施过程中,主客观条件的变化是绝对的,不变是相对的;平衡是暂时的,不平衡是永恒的;有干扰是必然的,没有干扰是偶然的。因此,在海洋工程项目实施过程中,必须对目标进行有效的规划和控制。只有目标明确的海洋工程项目才有必要进行目标控制,也才有可能进行目标控制。

5.1.1　目标控制的概述

目标控制是指根据组织的计划和事先规定的标准,监督检查各项活动及其结果,并根据偏差来调整行动或计划,使计划与实际相吻合,保证目标实现的行为。控制有两种类型,即主动控制和被动控制。

5.1.1.1　主动控制

主动控制就是预先分析目标偏离的可能性,并拟订和采取各项预防性措施,以使计划目标得以实现,其基本程序见图 5-1。

（1）主动控制是一种事前控制,是在偏差发生之前就采取控制措施。

（2）主动控制是一种前馈控制。当控制者根据已掌握的可靠信息预测出系统的输出将要偏离计划目标时,就制定纠正措施并向系统输入,以便使系统的运行不发生偏离。

（3）主动控制是一种面向未来的控制。它可以解决传统控制过程中存在的时滞影响,尽最大可能改变偏差已经成为事实的被动局面,从而使控制更为有效。

5.1.1.2　被动控制

被动控制是指当系统按计划运行时,管理人员对计划的实施进行跟踪,对系统输出的信息进行加工和整理,再传递给控制部门,使控制人员从中发现问题,找出偏差,寻求并确定解决问题和纠正偏差的方案,然后再回送给计划实施系统付诸实施,使得计划目标一旦出现偏移就能得以纠正。因此,被动控制是一种反馈控制,其基本程序见图 5-2。

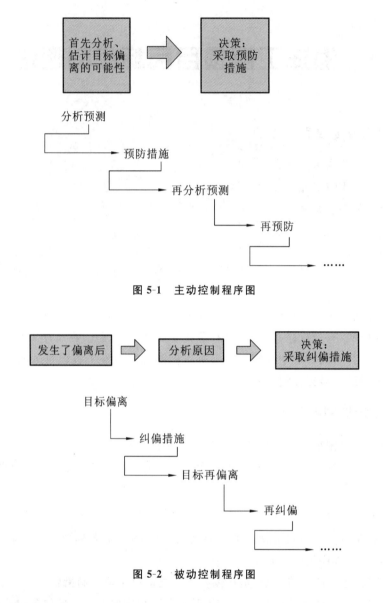

图 5-1　主动控制程序图

图 5-2　被动控制程序图

5.1.1.3　主动控制与被动控制的关系

如果仅仅采取被动控制措施,出现偏差是不可避免的,而且偏差可能有累积效应,即虽然采取了纠偏措施,但偏差可能越来越大,从而难以实现预定的目标。

主动控制的效果虽然比被动控制好,但仅仅采取主动控制措施却是不现实的,或者说是不可能的。

对海洋工程项目管理人员而言,主动控制与被动控制的紧密结合是实现目标控制的有效方法。在控制过程中,采取多种措施,加大主动控制的比例,定期、连续地进行被动控制才是实现目标控制的保障。

5.1.2 海洋工程项目目标控制原理的分类

5.1.2.1 动态控制原理

海洋工程项目管理的核心是投资目标、进度目标和质量目标的三大目标控制,目标控制的核心是计划、控制和协调,即计划值与实际值相比较,而计划值与实际值比较的方法就是动态控制原理。海洋工程项目目标的动态控制原理是海洋工程项目管理最基本的方法论,也是控制论的理论和方法在海洋工程项目管理中的应用。因此,目标控制最基本的原理就是动态控制原理,其工作程序如图 5-3 所示。

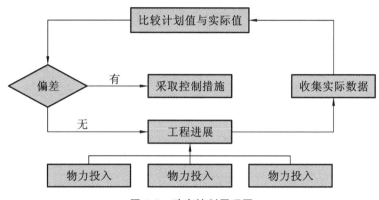

图 5-3 动态控制原理图

海上建设工程项目目标动态控制的工作步骤如下:

(1)海洋工程项目目标动态控制的准备工作。

将海洋工程项目的目标(投资、进度和质量目标)进行分解,以确定用于目标控制的计划值(计划投资、计划进度和计划质量标准)。

(2)在海洋工程项目实施过程中,对海洋工程项目目标进行动态跟踪和控制。

① 收集海洋工程项目目标的实际值,即实际投资、实际施工进度和实际的质量状况;

② 定期(每两周或每月)进行海洋工程项目目标的计划值和实际值的比较;

③ 通过比较后得出结论,如有偏差,则采取纠偏措施进行纠偏。

(3)如有必要(原定的海洋工程项目目标不合理或原定的海洋工程项目目标无法实现),则进行海洋工程项目目标调整,目标调整后控制过程再回复到准备工作阶段。

海洋工程项目目标动态控制中的三大要素是目标计划值、目标实际值和纠偏措施。目标计划值是目标控制的依据和目的,目标实际值是目标控制的基础,纠偏措施是实现目标的途径。通过目标计划值和实际值的比较分析,以发现偏差,这是目标控制过程中的关键一环,这种比较是动态的、多层次的。计划值与实际值比较的前提是各阶段计划值与实际值有统一的分解结构和编码体系。此外,海洋工程项目进展的实际情况,即实际投资、实际进度和实际质量数据的获取必须准确,以保证海洋工程项目实施的高透明度;数据采集必须及时,应避免滞后,否则就会影响纠偏措施的实施。

在海洋工程项目目标动态控制时要进行大量的数据处理,因此当海洋工程项目的规模比较大时,数据处理的量就相当大。此时,可采用计算机辅助手段高效、及时而准确地生成相应报表,这将大大提升海洋工程项目目标动态控制的数据处理效率和质量。

5.1.2.2 PDCA 循环原理

PDCA 循环原理是由美国质量管理专家休哈特博士首先提出的,由戴明采纳、宣传并使之获得普及,所以又称戴明环,也是目前被广泛采用的目标控制基本方法之一。PDCA 循环是能使海洋工程项目中任何一项活动有效进行的一种合乎逻辑的工作程序,特别是在质量管理中得到了广泛的应用。

PDCA 循环是由计划(plan)、实施(do)、检查(check)和处置(action)四个阶段组成的循环,呈阶梯上升,具体如图 5-4 所示。

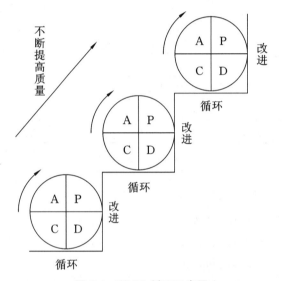

图 5-4　PDCA 循环示意图

(1) P(plan,计划)

明确目标并制订实现目标的行动方案。

(2) D(do,执行)

包括两个环节,即计划行动方案的交底和按计划规定的方法与要求展开海洋工程作业技术活动。

(3) C(check,检查)

检查指的是对计划实施的效果进行的各类检查。各类检查包含两个方面:一是检查是否严格执行了计划的行动方案,实际条件是否发生了变化以及没有按计划执行的原因;二是检查计划执行的效果,即产出的质量是否达到标准的要求,并对此进行评价。

(4) A(action,处置)

处置指的是对于检查中所发现的问题进行原因分析并采取必要的措施予以纠正,保持目标处于受控状态。处置分为纠偏处置和预防处置两个步骤。纠偏处置是采取应急措施,解决已发生的或当前的问题或缺陷。预防处置指的是相关信息反馈给管理部门,管理部门反思问题症结或计划时的不周,为今后类似问题的预防提供借鉴。对于本轮 PDCA 循环的处置环节中没有解决的问题,应交给下一个 PDCA 循环去解决。

计划—执行—检查—处置是利用资源将输入转化为输出的一组活动的一个过程,必须形成闭环管理,四个环节缺一不可。其中,PDCA 循环中的处置环节是最关键的环节,若没有此环节,则已取得的成果无法巩固,也无法提取出上一个 PDCA 循环中的遗留问题。

在质量管理体系中,PDCA 循环是一个动态的循环,它可以在组织的每一个过程中展开,也可以在整个过程的系统中展开。它与产品实现过程及质量管理体系等其他过程的策划、实施、控制和持续改进有密切的关系。

5.2　动态控制原理的应用

动态控制原理作为目标控制的最基本原理,其主要应用于海洋工程项目进度控制、海洋工程项目投资控制和海洋工程项目质量控制,本节将就这三个应用分别展开论述。

5.2.1　动态控制原理在海洋工程项目进度控制中的应用

在海洋工程项目实施全过程中,应逐步由宏观到微观,由粗到细编制深度不同的进度计划,包括海洋工程项目总进度纲要(特大型海洋工程项目中可能采用)、海洋工程项目总进度规划、海洋工程项目总进度计划以及各子系统和子海洋工程项目的进度计划等。

编制海洋工程项目总进度纲要和海洋工程项目总进度规划时,要分析和论证海洋工程项目进度目标实现的可能性,并对海洋工程项目进度目标进行分解,确定里程碑事件的进度目标。里程碑事件的进度目标可作为进度控制的重要依据。

里程碑事件是指海洋工程项目建设中具有代表意义的重要节点,通常也作为海洋工程项目进度的象征之一。在海洋工程实践中,往往以里程碑事件的进度目标值作为海洋工程项目进度的计划值,海洋工程项目进度的计划值和实际值的比较应该是定量的数据比较,两者内容应保持一致性。

海洋工程项目进度计划值和实际值的比较,一般要求定期进行,其间隔周期应视海洋工程项目的规模和特点而定。海洋工程项目进度计划值和实际值比较的成果是海洋工程项目进度跟踪和控制报告,如编制进度控制的旬、月、季、半年和年度报告等。

经过海洋工程项目进度计划值和实际值的比较,如发现偏差,则应采取措施纠正偏差或者调整进度目标。在业主方海洋工程项目管理过程中,进度控制的主要任务是根据进度跟踪和控制报告,积极协调不同参与单位、不同阶段、不同专业之间的进度关系。

(1)海洋工程计划进度管理中项目管理人员的工作

① 掌握承包人总体施工计划,审批项目总体计划;

② 参与影响项目总体计划实现的重大施工计划、进度协调会,审批确保项目总体计划实现的重大进度补救方案;

③ 审批承包人月度施工计划,审查承包人季度、年度及总体施工计划;

④ 按合同要求做好工期控制,与管理处建立有效的沟通机制,确保各项工期目标的实现;

⑤ 监督承包人采取有效措施完成预定的施工计划;

⑥ 核实承包人上报的施工进度,当进度落后于计划时,督促承包人采取有效的补救措施,确保工期目标的实现。

(2)项目总体策划方案中的进度管理措施

① 实行岗位责任制,任务分解到班组,责任落实到人,强化管理,加强考核,将利益与进度、质量、安全三者挂钩,实行多劳多得,调动施工人员的积极性。建立工程管理信息系统,全面收集信息,综合分析和判定施工运行状态,针对存在的问题,采取有效措施,实现施工过程有序、可控。

② 施工现场成立调度中心,实行施工进度快报制度,全面及时了解各部分工程进展情况,对施工进度实行动态管理,以日进度保月进度,以月进度保年进度,以年进度保总工期目标的实现。

③ 严密组织施工,合理安排施工顺序,尽量安排平行流水作业。加强工序衔接,提前做好工序转换前的各项准备工作。严密注视各工序的进展情况,避免停、窝工现象的发生,保证各工序施工的准时性。

④ 加强材料管理,提前供应合格材料以保证工期。加强材料检测,严把工程材料质量关,加强自行采购材料的管理,备足雨季、节假日施工用料,特殊材料提前订购,避免因材料短缺而造成停工。

⑤ 协调好与业主单位、监理单位、设计单位及地方政府的关系,保证施工正常有序进行,以"人和"保进度。

⑥ 大力采用新工艺、新技术、新材料、新设备,不断优化施工方案,以"四新"技术保进度。

⑦ 加强网络计划控制,对项目进度实行动态监控,有针对性地进行管理,实现进度目标。

⑧ 加强施工质量过程控制及中间交工控制,采取相应措施降低安全风险,提高工程质量,使高水平施工质量习惯化,安全、质量、进度的矛盾体协调发展,以安全保质量,以质量促进度。

5.2.2　动态控制原理在海洋工程项目投资控制中的应用

对于海洋工程项目而言,基本建设投资费用是指进行一个海洋工程项目的建造所需要的全部费用,即从海洋工程项目确定建设意向直至建成竣工验收为止的整个建设期间所支出的总费用。这是保证海洋工程项目建设活动正常进行的必要资金,是海洋工程项目投资中最主要的部分。海洋工程项目的项目投资主要由海洋工程费用和海洋工程建设其他费用所组成,如图 5-5 所示。

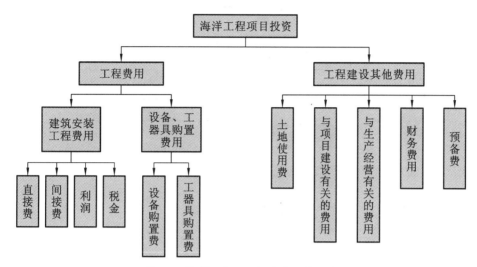

图 5-5　海洋工程项目投资费用的组成

项目投资控制是海洋工程项目管理的一项重要任务,是海洋工程项目管理的核心工作之一。海洋工程项目投资控制的目标是使海洋工程项目的实际总投资不超过海洋工程项目的计划总投资。

在海洋工程项目决策阶段完成海洋工程项目前期策划和可行性研究过程中,应编制投资估算;在设计阶段,海洋工程项目投资目标进一步具体化,应编制初步设计概算、初步设计修正概算(视实际需要)和施工图预算;在招投标和施工阶段,应编制和生成施工合同价、海洋工程结算价和竣工决算价。

海洋工程项目投资控制主要由两个并行、各有侧重又相互联系和相互重叠的工作过程所构成,即海洋工程项目投资的计划过程与海洋工程项目投资的控制过程。在海洋工程项目建设前期,以投资计划为主;在海洋工程项目实施的中后期,投资控制占主导地位。

投资控制工作必须贯穿海洋工程项目建设全过程和面向整个海洋工程项目。各阶段的投资控制以及各子海洋工程项目的投资控制作为海洋工程项目投资控制子系统,相互连接和嵌套,共同组成海洋工程项目投资控制系统。图 5-6 表示海洋工程项目实施各阶段投资目标计划值和实际值比较的主要关系,从中也可以看出各阶段投资控制子系统的相互关系。

投资控制方法的核心是投资计划值与投资实际值的比较。在海洋工程项目进展的全过程中,以动态控制原理为指导,进行计划值和实际值的比较,发现偏离并及时采取纠偏措施。

(1) 设计阶段投资目标计划值和实际值的比较

① 初步设计概算和投资估算的比较;

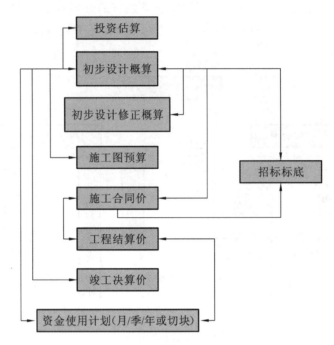

图 5-6　海洋工程项目各阶段投资目标计划值与实际值的比较

② 初步设计修正概算和初步设计概算的比较；

③ 施工图预算和初步设计概算的比较。

（2）施工阶段投资目标计划值和实际值的比较

① 施工合同价和初步设计概算的比较；

② 招标标底（或招标控制价）和初步设计概算的比较；

③ 施工合同价和招标标底的比较；

④ 海洋工程结算价和施工合同价的比较；

⑤ 海洋工程结算价和资金使用计划（月/季/年或资金切块）的比较；

⑥ 资金使用计划（月/季/年或资金切块）和初步设计概算的比较；

⑦ 海洋工程竣工决算价和初步设计概算的比较。

　　从上面的比较可以看出，投资目标的计划值与实际值是相对的。如施工合同价相对于初步设计概算是实际值，而相对于海洋工程结算价是计划值。投资计划值和实际值的比较，应是定量的数据比较，并应注意两者内容的一致性，比较的成果是投资跟踪和控制报告。投资计划值的切块、实际投资数据的收集以及投资计划值和实际值的比较，其数据处理工作量往往很大，应运用专业投资控制软件进行辅助处理。

　　经过投资计划值和实际值的比较，如发现偏差，则应积极采取措施，纠正偏差或者调整目标计划值。需要指出的是，投资控制绝不是单纯的经济工作，也不是只涉及财务部门，还涉及组织、管理、经济、技术和合同各方面。

（3）为实现海洋工程项目投资动态控制,海洋工程项目管理人员应做的工作

① 确定海洋工程项目投资分解体系,进行投资切块;

② 确定投资切块的计划值(目标值);

③ 采集、汇总和分析对应投资切块的实际值;

④ 进行投资目标计划值和实际值的比较;

⑤ 如发现偏差,采取纠偏措施或调整目标计划值;

⑥ 编制相关投资控制报告。

5.2.3　动态控制原理在海洋工程项目质量控制中的应用

海洋工程项目质量目标可以分解为设计质量、施工质量、材料质量和设备质量。各质量子目标还可以进一步分解,如施工质量可以按单项工程、单位(子单位)工程、分部(子分部)工程、分项工程和检验批进行划分。质量控制工作贯穿海洋工程项目建设全过程并面向整个海洋工程项目。图 5-7 所示为质量保证体系管理循环图。

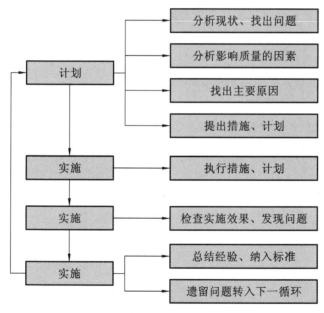

图 5-7　质量保证体系管理循环图

（1）设计阶段质量目标计划值和实际值的比较

① 初步设计和可行性研究报告、设计规范的比较;

② 技术设计和初步设计的比较;

③ 施工图设计和技术设计、设计规范的比较。

（2）施工阶段质量目标计划值和实际值的比较

① 施工质量和施工图设计、施工合同中的质量要求、海洋工程施工质量验收统一标准、专业海洋工程施工质量验收规范、相关技术标准等的比较;

② 材料质量和施工图设计中相关要求、相关技术标准等的比较；

③ 设备质量和初步设计或技术设计中相关要求、相关质量标准等的比较。

从上面的比较可以看出，质量目标的计划值与实际值也是相对的，如施工图设计的质量要求相对于技术设计是实际值，而相对于海洋工程施工是计划值。

质量目标计划值和实际值的比较，需要对质量目标进行分解，形成可比较的子项。质量目标计划值和实际值的比较是定性比较和定量比较的结合，如专家审核、专家验收、现场检测、试验和外观评定等。

（3）海洋工程项目质量控制中动态控制原理的具体工作

质量控制的对象可能是海洋工程项目设计过程、单位海洋工程、分部分项海洋工程。以一个分部分项海洋工程为例，动态控制过程的工作主要包括以下几个方面：

① 确定控制对象应达到的质量要求；

② 确定所采取的检验方法和检验手段；

③ 进行质量检验；

④ 分析实测数据和标准之间产生偏差的原因；

⑤ 采取纠偏措施；

⑥ 编制相关质量控制报告等。

（4）项目总体策划方案中的质量管理措施

① 坚持"百年大计，质量第一"的方针，按照三质量保证体系和公路工程质量管理的特点、要求，从思想保证、组织保证、技术保证、施工保证、经济保证五个方面严格入手，建立有效的质量保证体系，制定完善的工程管理制度，在施工工序技术上严格把关，确保质量目标的实现。

② 树立质量品牌意识，使全员明确质量方针和创优目标，牢固树立"质量在我心中，创优在我手中"的思想，变"要我创优"为"我要创优"。

③ 教育全员，特别是各级工程管理人员和质检人员，正确处理好质量、进度和效益之间的关系。

④ 适时召开现场会，抓样板、树典型，及时总结、推广先进经验，鼓励先进，鞭策后进，不断提高工程质量水平。

⑤ 从项目经理到各工班实行领导工程质量责任终身制，层层分解，终身负责，一级包一级，一级保一级，从严格技术把关入手，抓好施工生产全过程的质量管理。

⑥ 质检部对整个工程进行全方位施工质量检查，同时作业班组设质检员，施工时坚持自检、互检、交接检制度并做好各项报表及记录，使工程质量在施工全过程中都处于受控状态。

⑦ 严格把好材料关、技术关、工艺关，严格执行奖惩制度。

⑧ 严格遵守工艺规程：施工过程中，严禁任何人随意制定"措施""标准"，必须严格遵守技术交底及规范规定的施工工艺和操作规程。

⑨ 控制工序的质量：对影响工程质量的五大因素（即施工操作者、材料、施工机械设备、施工方法和施工环境）进行切实有效的控制。专人进行日常检查、调整和记录工作。

⑩ 成立质量管理小组，及时检查、调整工序施工质量。质量管理小组通过对工序施工质量的检查，及时掌握质量动态，找出影响质量的主要因素、次要因素。分析原因，展开科技攻关，制定有效的质量整改和预防措施。

⑪ 专职资料员做好施工过程中的技术资料检查、归档工作，尤其是原材料、半成品的质保书、复试报告、抽检报告、混凝土的试块报告，各类验收资料等，必须要严格管理，发现问题及时解决，严禁伪造、涂改和后补现象发生。

5.3　目标控制中的纠偏措施

海洋工程项目目标动态控制的纠偏措施主要包括组织措施、管理措施（包括合同措施）、经济措施和技术措施等。

（1）组织措施

分析由于组织的原因而影响海洋工程项目目标实现的问题，并采取相应的解决措施，如调整海洋工程项目组织结构、任务分工、管理职能分工、工作流程和海洋工程项目管理团队成员等。为实现海洋工程项目的进度目标，必须重视健全海洋工程项目管理的组织体系，分析若是由于组织的原因而影响海洋工程进度计划的实现，应采取相应的组织措施，调整组织结构、任务分工、海洋工程流程等。将进度目标落实到海洋工程项目管理班子人员，制定奖惩制度，进行严格考核，增强每个成员的责任心。正确处理政府有关部门、建设单位、设计单位、咨询单位、各分包单位之间的关系。充分发挥咨询单位的组织协调能力。

（2）管理措施（包括合同措施）

分析由于管理的原因而影响海洋工程项目目标实现的问题，并采取相应的解决措施，如调整进度管理的方法和手段、改变施工管理和强化合同管理等。施工单位根据海洋工程项目管理"三控三管一协调"的思想、方法、手段，提高自身管理水平。在施工过程中加强对施工合同的履约管理，确保按照合同要求的竣工日期完工。若发生不可抗力事件、非施工方原因产生的海洋工程变更、设计变更等延误工期，施工方应按照规定的程序和文件要求提出工期和费用的索赔。

（3）经济措施

分析由于经济的原因而影响海洋工程项目目标实现的问题，并采取相应的措施，如落实加快海洋工程施工进度所需的资金等。为确保海洋工程施工的顺利进行，必须有足够的资金支持，若是建设单位没有及时拨付海洋工程款，就会影响施工单位资金的周转，从而影响到施工进度。因此施工单位应该做好资金的筹备工作，确保资金能够有效落实，还应该考虑市场价格的变动，编制与进度计划相适应的资源需求计划。

（4）技术措施

分析由于技术（包括设计和施工的技术）的原因而影响海洋工程项目目标实现的问题，并采取相应的措施，如调整设计、改进施工方法和改变施工机械等。技术措施对保证海洋工程质量起着至关重要的作用。确定合理的施工技术方案，提高施工单位的技术水平，熟练掌握和运用新技术、新材料、新工艺。在施工进度受阻时，分析是否存在设计变更或改变施工技术、施工方法和机械的调整。

【小结】

本章探讨了海洋工程项目目标控制的内涵及基本原理，先是介绍了海洋工程项目目标控制基本理论、动态控制理论和 PDCA 循环理论；接着介绍动态控制理论在海洋工程项目目标控制中的应用；最后简单介绍了目标控制的纠偏措施。

【关键术语】

目标控制（object control）：指根据组织的计划和事先规定的标准，监督检查各项活动及其结果，并根据偏差来调整行动或计划，使计划和实际相吻合，保证实现目标的行为。

动态控制（dynamic control）：指对海洋工程建设项目在实施的过程中在时间和空间上的主客观变化而进行项目管理的基本方法论。

主动控制（active control）：就是预先分析目标偏离的可能性，并拟订和采取各项预防性措施，以使计划目标得以实现。

纠偏（rectifying）：对一项有目标和行动计划的活动在实施过程中的实际状况进行检查评估，验证实施行为与结果同原定计划的吻合程度，同时预测原预定目标的可达成度，对出现的偏差和问题查找原因，制定措施并组织实施。

【讨论与案例分析】

【案例 5-1】 银川至北海高速公路建始至恩施段第 TJ-2 标段

银川至北海高速公路建始（陇里）至恩施（罗针田）段第 TJ-2 标段位于湖北省恩施土家族苗族自治州建始县（业州镇）和恩施市（白杨坪镇）境内。主线起讫里程为 YK64＋800～K80＋200，支线起讫里程为 ZXK0＋000～ZXK2＋733.374，线路全长 18.916km，其中主线线路长 15.4km，支线线路长 2.733km。标段内设互通式立体交叉 2 处，即白杨坪枢纽互通、徐家垭枢纽互通，设服务区 1 处（建始服务区）。

进行科学严谨的总体布置及规划，有效指导施工，全面实现银川至北海高速公路工程的总体目标。

合理安排施工顺序，采用信息技术科学地安排进度计划；采用先进、成熟、经济、适用、可靠的施工技术和施工工艺；合理布置施工临时设施，减少施工用地；配备先进的机械化作业生产线，保障工序质量，提高生产效率，降低工程成本，提高经济效益；严格工程质量管理，确保工程质量创优;狠抓施工安全和环境保护,确保安全、环保目标的实现。

本项目的项目管理目标如下:

(1)总体目标

树立精细化管理理念,做到施工过程管理精细化。根据标段工程特点,认真做好项目前期策划,做好实施性施工组织设计并严格对照执行。建立健全各项保证体系,保证工程施工的有效管控,通过强有力的管理手段,使得进度、质量、安全、环保、消防和文明施工等落到实处。在得到各级领导满意和认可的同时,确保工程盈利,以高水平的管理和高质量的施工,回报湖北人民和鄂西指挥部领导的厚爱。

(2)进度目标

按照合同的工期要求,结合海洋工程项目特点和实际情况,以 T 梁制架为主线,确保梁场段路基和马口河大桥按期完成,并在 29 个月内完成所有施工任务。

(3)质量目标

工程质量满足招标文件要求:工程交工验收质量评定合格,竣工验收质量评定优良。

6 海洋工程项目风险管理

【本章核心概念及定义】

1. 海洋工程项目风险的定义、特点及来源；
2. 海洋工程项目风险的类别；
3. 海洋工程项目风险的评价方法；
4. 海洋工程项目风险的规避措施。

6.1 海洋工程项目风险管理的概述

6.1.1 海洋工程项目风险的概念

6.1.1.1 风险的定义

风险无处不在、无时不有，然而对风险下一个确切的定义却并非易事。目前，学术界对风险的内涵还没有统一的定义。概括起来，风险可以定义为：风险是未来变化偏离预期的可能性以及其对目标产生影响的大小。其基本特征是：风险的大小与变动发生的可能性有关，也与变动发生后对海洋工程项目影响的大小有关。变化出现的可能性越大，变动出现后对目标的影响越大，则风险就越高。

风险的本质是不确定性，具体可分为事件发生的不确定性和后果的不确定性。风险是有条件的不确定性，只是不确定未来是何种状态，而对每种状态发生的概率以及每种状态的后果是知道的，或者说是可以估计的。

6.1.1.2 海洋工程项目风险

海洋工程项目风险是指未来发生不利事件对海洋工程项目的建设和运营产生重大影响的可能性。

英国海洋工程项目管理学会（APM）将海洋工程项目风险定义为"对海洋工程项目目标产生影响的一个或若干不确定事件"。英国土木工程师学会（ICE）对海洋工程项目风险的定义是"海洋工程项目风险是一种将影响海洋工程项目目标实现的不利威胁或有利机会"。工程风险管理专家对海洋工程项目的风险定义为：海洋工程项目风险是所有影响海洋工程项目目标实现的不确定因素的集合。

尽管在海洋工程项目建设的前期工作中已就海洋工程项目的市场、技术、经济、环境、社会等方面做了详尽的预测和研究，但由于受到人们对客观事物认识能力的局限性、事物发展的变动性、环境的可变性以及预测本身的不确定性等影响,海洋工程项目实施过程中和海洋工程项目建成后的实际情况可能偏离预测的基本方案,即对海洋工程项目而言,风险就是导致海洋工程项目发生偏差的可能性。

6.1.2　海洋工程项目风险的特点

(1) 客观性

风险是客观存在的,无论是自然现象中的地震、洪水等自然灾害,还是现实社会中的矛盾冲突与利益纠纷等,都不可能根除,只能采取措施减小其对海洋工程项目的不利影响。随着社会发展和科技进步,人们对自然界和社会的认识在逐步加深,对风险的认识也在逐步提高。

(2) 整体性

在投资决策阶段,海洋工程项目面临诸多的风险因素,必须树立海洋工程项目全生命周期的理念,充分考虑海洋工程项目前期、建设和运营三个阶段的需要,采用科学的方法,系统分析海洋工程项目中存在的潜在风险因素。风险分析评价应贯穿海洋工程项目分析的各个环节和全过程,即在海洋工程项目可行性研究的主要环节(包括市场、技术、资源、环境、财务、社会分析)中都应进行相应的风险分析,并进行全面的综合分析和评价。

(3) 可变性

风险可能发生,造成损失甚至重大损失,但也可能不发生。风险是否发生,风险事件的影响程度都是难以确定的。我们可以通过历史数据和经验,包括风险管理模型的建模与分析,对风险发生的可能性和后果作出一定的分析预测。

(4) 多样性

海洋工程项目可以有多种类型的风险并存。投资决策阶段的风险主要包括政策风险、融资风险等;海洋工程项目实施阶段的主要风险可能是海洋工程风险和建设风险等;海洋工程项目运营阶段的主要风险可能是市场风险、管理风险等。这些风险之间有着复杂的内在联系,可以互相影响、互为消长。

(5) 相对性

每个海洋工程项目的建设都具有自身的特点,风险对于不同海洋工程项目的活动主体可产生不同的影响。人们对于风险事故有一定的承受能力,但是这种能力因人和时间而异。而且收益的大小、投入的大小以及海洋工程项目活动主体地位的高下、拥有资源的多寡,都与人们对海洋工程项目风险承受能力的大小密切相关。

(6) 层次性

风险的表现具有层次性,需要进行层层剖析,才能深入到最基本的风险单元,以明确风险的根本来源。如市场风险,可能表现为市场需求量的变化、价格的波动以及竞争对手的策略调整等,而价格的变化又可能包括产品或服务的价格、原材料的价格和其他投入物价格的变化等,必须挖掘最关键的风险因素,才能制定出有效的风险应对措施。

6.1.3 海洋工程项目风险的来源

一般而言,海洋工程项目风险的主要来源可以归纳为三个要素:

① 不可控制的因素

不可控制的因素是指超出海洋工程项目决策者或管理者的能力而根本不可能人为控制的因素,如地质环境、气候条件、自然灾害、国家经济和法律政策等。

② 不易控制的因素

不易控制的因素是指在海洋工程项目的实施过程中,不容易纳入到正常控制范围的诸多因素。这是需要海洋工程项目决策者或管理者花费巨大代价和大量时间才能改变的因素,如海洋工程的技术攻关,海洋工程项目进度和成本控制,投入运营的市场价格等。

③ 信息或资源短缺

海洋工程项目建设往往会受到资金、时间、能力、知识或设施等条件的约束,前期工作不够深入,以致存在诸多不确定的信息。

对于海洋工程项目来说,风险主要产生于以下方面:

(1) 海洋工程项目从策划到建设,再到运营,通常都有一个较长的周期。在海洋工程项目研究阶段,海洋工程项目是一项面向未来建设的投资计划,而未来存在诸多不确定的因素,如技术升级、市场变化、人事变动、资源开发、政策调整以及环境变化等,都将影响海洋工程项目的建设、运营及财务等。

(2) 许多无形成本和效益的度量取决于海洋工程项目咨询人员的个人判断,而这种定性的判断往往带有主观性。

(3) 由于数据的失真、时间或资金的缺乏,海洋工程项目咨询人员掌握的信息是有限的,甚至是不符合实际情况的。即使是定量估计,也是一种粗略的估计,再加上海洋工程项目咨询人员的预测推断,这就会导致更大的不确定性。

(4) 海洋工程项目评价中的许多参数、标准是海洋工程项目业主或高层管理人员根据海洋工程项目咨询人员分析研究的意见加以判断和决策的,这些都包含有主观判断,而主观判断容易带来误差,进而对海洋工程项目评价产生不确定的影响。

6.1.4 海洋工程项目风险管理

海洋工程项目风险管理是一种主动控制的手段,通过主动辨识风险并予以分析,采取风险防范措施,主动控制风险产生的条件,做到防患于未然,从而使海洋工程项目的三大目标能够得以实现。而海洋工程项目是一项极其复杂的系统工程,它从海洋工程项目决策、设计、施工到竣工验收都是一个充满风险的过程。因此,海洋工程项目的风险管理具有极其重要的研究价值。

6.1.4.1 海洋工程项目风险管理的目标

风险管理是一项有目的的管理活动,只有目标明确,才能起到有效的作用。而海洋工程项目风险管理的目标从属于海洋工程项目的总目标,海洋工程项目风险管理的目标通常可表述为：

（1）实际投资不超过计划投资；

（2）实际工期不超过计划工期；

（3）实际质量满足预期的质量要求；

（4）建设过程安全；

（5）使海洋工程项目获得成功。

6.1.4.2　海洋工程项目风险管理过程

风险管理就是一个识别、确定和度量风险，并制订、选择和实施风险处理方案的过程，它是一个系统的、完整的过程，也是一个多次循环的过程。风险管理过程包括风险识别、风险估计、风险评价、风险对策研究四个基本阶段。风险管理所经历的四个阶段，实质上是从定性分析到定量分析的过程。

6.2　海洋工程项目风险的分类及识别

风险识别是指通过一定的方式，系统而全面地识别出影响建设海洋工程目标实现的风险事件并加以归类的过程。必要时，还需对风险事件的后果做出定性的估计。

6.2.1　海洋工程项目风险的分类

应对海洋工程项目风险的前提是识别与分析海洋工程项目风险的类型，基于不同的分类标准，风险可以有多种划分，如表 6-1 所示。

表 6-1　海洋工程项目风险的分类

分类方法	风险类型	特点
按照风险的性质分	纯风险	只会造成损失，不能带来利益
	投机风险	可能带来损失，也可能产生利益
按照风险来源分	自然风险	由于自然灾害、事故而造成人员伤害或财产损失
	非自然风险（或人为风险）	由于人为因素而造成人员伤害或财产损失，包括政策风险、经济风险、社会风险等
按照风险事件主体的承受能力分	可承受风险	风险的影响在风险事件主体的承受范围内
	不可承受风险	风险的影响超出了风险事件主体的承受范围
按照技术因素分	技术风险	由于技术原因而造成的风险，如技术进步使得原有的产品生命周期缩短，选择的技术不成熟而影响生产等
	非技术风险	非技术原因带来的风险，如社会风险、经济风险、管理风险等

续表 6-1

分类方法	风险类型	特点
按照独立性分	独立风险	风险独立发生
	非独立风险	风险依附于其他风险发生
按照风险的可管理性分	可管理风险	可以通过购买保险等方式来控制风险的影响
	不可管理风险	不能通过保险等方式来控制风险的影响
按照风险的边界分	内部风险	风险发生在风险事件主体的组织内部,如技术风险、管理风险、组织风险等
	外部风险	风险发生在风险事件主体的组织外部,只能被动接受,如政策风险、自然风险等

如表 6-1 所述,风险有着多种分类方法,但对于海洋工程项目特别是经营性海洋工程项目而言,基于海洋工程项目目标影响分析,通常会涉及以下风险因素:

(1) 市场风险

市场风险是竞争性海洋工程项目常遇到的重要风险。市场风险一般来自于四个方面:

① 由于消费者的消费习惯、消费偏好发生变化,市场需求发生重大变化,导致海洋工程项目的市场出现问题,市场供需总量的实际情况与预测值发生偏离。

② 由于市场预测方法或数据错误,市场需求分析出现重大偏差,如公路建成后,其实际通行量不足,远远达不到预期的通行量目标。

③ 市场竞争格局发生重大变化,竞争者采取了进攻策略,或者出现了新的竞争对手,对海洋工程项目的运营产生重大影响,如在同一路线新修其他公路,必然会对已经通车的公路运量产生影响。

④ 由于市场条件的变化,海洋工程项目产品和主要原材料的供应条件和价格发生较大变化,对海洋工程项目的效益产生了重大影响,如公路运营及养护费用不断攀升,超出了海洋工程项目前期的预计,这就使得海洋工程项目的效益受到影响,投资收回期进一步延长。

(2) 技术与海洋工程风险

在可行性研究中,虽然对投资海洋工程项目所采用技术的先进性、可靠性和适用性进行了必要的论证分析,选定了较为合适的技术。但由于各种主观和客观原因,仍然可能会发生预想不到的问题,使投资海洋工程项目遭受风险损失。

对于铁路、公路、港口以及部分加工业海洋工程项目,海洋工程地质情况十分重要。但由于技术水平有限,前期的勘探可能不足,致使在海洋工程项目的运营甚至是施工阶段就出现问题,造成经济损失。因此在地质情况复杂的地区,应谨慎考虑海洋工程项目地质风险因素。

（3）组织管理风险

组织风险是指海洋工程项目存在众多参与方,各方的动机和目的不一致将导致海洋工程项目合作有风险,从而影响海洋工程项目的进展和海洋工程项目目标的实现。这些风险包括海洋工程项目组织内部各部门对海洋工程项目运作的理解不足、态度和行动不一致而产生的风险。

管理风险是指海洋工程项目管理模式不合理,海洋工程项目内部组织不当,管理混乱或者主要管理者能力不足等,导致海洋工程项目投资大量增加、海洋工程项目不能按期建成使用或是运营不善而造成损失。其主要影响因素有海洋工程项目采取的管理模式、组织与团队合作的水平以及主要管理者的综合素养等。

（4）政策风险

政策风险是指国内外政治经济条件发生重大变化或政策调整,使得海洋工程项目原定目标难以实现。海洋工程项目是在一个国家或地区的社会经济环境中存在的,国家或地方各种政策的调整变化,包括经济政策、技术政策、产业政策等,以及涉及税收、金融、环保、投资、土地等政策的调整变化,都可能对海洋工程项目带来不利影响。特别是对于海外投资海洋工程项目,规避政策风险更是海洋工程项目决策阶段的重要内容。

（5）环境与社会风险

环境风险是指因对海洋工程项目的环境生态影响分析深度不足,或者是环境保护措施不当,引起海洋工程项目的环境冲突,带来重大的环境影响,从而影响海洋工程项目的建设和运营。

社会风险是指对海洋工程项目的社会影响估计不足,导致公众对海洋工程项目建设产生重大抵触,或者海洋工程项目所处的社会环境发生变化,给海洋工程项目建设和运营带来困难和损失。社会风险的影响面非常广泛,包括宗教信仰、社会治安、文化素质、公众态度等方面,因而社会风险的识别难度较大,需要特别关注。

6.2.2 海洋工程项目风险的识别

6.2.2.1 海洋工程项目风险识别的程序

风险识别是风险分析的基础,也是风险分析过程中比较耗费时间和费用较高的阶段。尤其是特重大公共投资海洋工程项目,具有更多的特殊性,面临更多的风险因素。

一般而言,风险识别的程序可以划分为三个阶段:

（1）确定目标。即确定风险分析的范围和目标。

（2）分类研究。根据海洋工程项目所在行业、区域和自身的特点以及相关数据资料的可得性,选择对应的风险识别方法。

（3）建立风险目录摘要。收集与海洋工程项目相关的资料,包括海洋工程项目本身的有关市场、技术、财务等资料,类似海洋工程项目的资料,以及对海洋工程项目构成影响的环境、政策和社会等方面的信息。将海洋工程项目可能面临的风险进行汇总,并根据轻重缓急进行排序,建立风险目录。

6.2.2.2 海洋工程项目风险识别的主要方法

风险识别方法主要有解析法、专家调查法、风险结构分解法和情景分析法等。

(1) 解析法

解析法主要是利用分解原则,将复杂的事件分解为比较简单的、容易被认识的事件。在进行海洋工程项目建设时,分析人员首先根据海洋工程项目自身的建设规律和分析人员的知识将海洋工程项目可能的风险进行分解,然后对每种单项风险再进一步分解。

解析法的特点是将一个复杂系统分解为若干子系统,通过对子系统的分析进而把握整个系统的特征,如图 6-1 所示。

图 6-1　市场风险的解析

(2) 专家调查法

① 专家调查法的分类

专家调查法是一种利用专家的知识和经验来进行风险辨识的方法,应用广泛。专家调查法有很多种类型,其中头脑风暴法、德尔菲法、专家会议法和对照检查表是最常用的几种方法。

a. 头脑风暴法

这是一种通用的用以激发想象力和创造性的方法,即召集一批海洋工程项目组成员或具体问题专家集体献计献策,鼓励专家独立地发表意见,指出项目存在的各种风险,分析项目风险影响因素,提出防范风险的措施。

b. 德尔菲法

德尔菲法依据系统的程序,采用匿名发表意见的方式,即专家之间不得互相讨论,不发生横向联系,只能与调查人员发生联系,通过对专家进行多轮次调查,对问卷所提问题的看法经过反复征询、归纳、修改,最后汇总成基本一致的看法,以此来作为预测的结果。这种方法具有广泛的代表性,较为可靠。

c. 专家会议法

专家会议法是指根据规定的原则选定一定数量的专家,按照一定的方式组织专家会议,发挥专家集体智慧,达成共识,对预测对象未来的发展趋势及状况作出判断的方法。专家会议法有助于专家们当面交换意见,通过互相启发来弥补个人意见的不足。头脑风暴法是专家会议法的一种具体的应用。

d. 对照检查表

对照检查表又称风险清单,它是一种比较简单、方便和有效的风险识别方法。它是利用专家丰富的经验和知识,通过归纳大量海洋工程项目的信息,在总结过去类似海洋工程项目风险的基础上,将海洋工程项目可能出现的风险罗列在一张表上,然后对当前海洋工程项目的各方面情况进行比较分析,供分析人员对照检查,判断海洋工程项目是否存在表中所列的或类似的风险。

② 专家调查法的步骤

由于多数海洋工程项目的潜在风险很难在短时间内用统计的方法、实验分析的方法和因果关系论证得到证实,因此,专家调查法具有显著的优越性。专家调查法的一般步骤如下:

a. 组建专家小组,人数一般控制在 4～8 人,专家应具有实践经验和代表性。

b. 通过召开专家会议,对风险进行界定、量化。召集人应尽可能使专家了解海洋工程项目目标、海洋工程项目结构、环境及工程状况,详细地调查并提供信息,有条件时可以让专家实地考察;对海洋工程项目的构想、实施和风险应对措施作出说明。

c. 召集人有目的地与专家合作,定义风险因素及结构、可能的成本范围:

分析各个风险的原因;

风险对实施过程的影响;

风险的影响范围,如技术、工期、费用等;

估计影响量,将影响统一到相对应的控制上。

d. 风险评价。专家对风险的程度(影响量)和出现的可能性,给出评价意见。在这个过程中,集思广益,特别要注意不同的意见,重点分析讨论不同的观点。为了获得专家的真实想法,可以采用匿名的形式发表意见(如德尔菲法),也可以采用会议面对面讨论方式(专家会议法)。

e. 统计整理专家意见,得到评价结果。

(3) 风险结构分解法

风险结构分解法(RBS)是在解析法基础上发展出来的。2002 年,赫尔森博士按照美国项目管理学会的工作分解法(WBS)原理,研究提出了风险结构分解法。其定义为:一种基于原因或来源对风险进行垂直分类的方法,它可以描述和组织海洋工程项目有关的全部风险,每深入一个层次表示海洋工程项目风险来源描述得更详细和明确。

从规范风险识别的角度,美国项目管理学会风险管理研究兴趣小组(PMI Risk SIG)提出了一种通用的风险分解结构框架,如表 6-2 所示。

表 6-2　海洋工程项目风险的分类

层次 0	层次 1	层次 2	层次 3
海洋工程项目风险	管理风险	企业	历史/经验/文化
			组织稳定性
			财务
			其他
		客户或利益相关者	历史/经验/文化
			合同
			需求稳定性
			其他
	外部风险	自然环境	物质环境
			海洋工程项目地点
			当地服务
			其他
		文化	政治
			法律/行政管制
			兴趣群体
			其他
		经济	劳动力市场
			劳动条件
			金融市场
			其他
	技术风险	需求	范围不确定
			使用条件
			复杂性
			其他
		性能	技术不成熟
			技术局限性
			其他
		应用	组织经验
			个人能力及组合
			物质资源
			其他

　　表 6-2 为通用性的设计结构,没有考虑到具体海洋工程项目自身的特点,难以真正应用于具体海洋工程项目的风险分析。在实际工作中,可以依据海洋工程项目的具体情况,以本表为参考来进行设计。

　　(4)情景分析法

　　情景分析法是进行风险分析时,辨识引起风险的关键因素及其影响程度的一种方法。一个情景就是一个海洋工程项目或海洋工程项目的某一部分、某种状态的描绘。它可用因素和曲线等进行描述,其结果分为两类:一类是对海洋工程项目未来某种状态的描述;另一类是描述状态过程,即未来时间内某种情况的变化链。例如它可向决策人员提供未来某种投资机会的最好、最可能发生和最坏的前景,详细给出三种不同情况下可能发生的事件和风险,供决策时参考。

6.3　海洋工程项目的风险评估

　　风险评估包括风险估计和风险评价,风险估计是估计风险发生的可能性及其对海洋工程项目的影响,采用定性描述与定量分析相结合的方法,对海洋工程项目的风险做出全面估计;风险评价是建立在风险估计的基础上,通过相应的指标体系和评价标准对风险程度进行划分,找出影响海洋工程项目顺利进行的关键风险因素,以便针对关键风险因素采取防范措施。

6.3.1　风险定性分析

　　(1)风险量

　　描述风险有两个变量:一是事件发生的概率或可能性;二是事件发生后对海洋工程项目目标的影响。因此,风险可以用一个二元函数来描述:

$$R(p,I)=p\times I \tag{6-1}$$

式中　p——风险事件发生的概率;

　　　I——风险事件对海洋工程项目目标的影响程度。

　　显然,风险的大小或高低既与风险事件发生的概率成正比,也与风险事件对海洋工程项目目标的影响程度成正比。

　　(2)概率-影响矩阵

　　概率-影响矩阵(PIM)是美国项目管理学会给出的一种风险评价方法。以风险因素发生的概率为横坐标,以风险因素发生后对海洋工程项目的影响大小为纵坐标,发生概率大且对海洋工程项目影响也大的风险因素位于矩阵的右上角,发生概率小且对海洋工程项目影响也小的风险因素位于矩阵的左下角,如图 6-2 所示。

　　(3)ESC 风险矩阵

　　1995 年美国空军电子系统中心(ESC)提出了风险评价矩阵的改进建议,将风险的等级

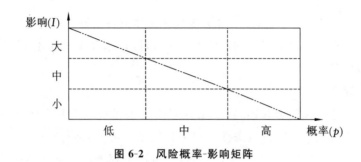

图 6-2　风险概率-影响矩阵

划分为高、中、低三个档次,给出了五个风险影响等级的划分标准,并同时给出了风险发生可能性的五个标准,具有操作简单、相对客观的优点。具体如表 6-3、表 6-4 和表 6-5 所示。

表 6-3　风险影响等级的定义

风险影响等级	定义或说明
关键	一旦风险发生,将导致整个海洋工程项目的目标失败
严重	一旦风险发生,将导致整个海洋工程项目的目标值严重下降
一般	一旦风险发生,对海洋工程项目的目标造成中度影响,但仍然能够达到部分目标
微小	一旦风险发生,海洋工程项目对应部分的目标受到影响,但不影响整体目标
可忽略	一旦风险发生,海洋工程项目对应部分的目标不受影响,也不影响整体目标

表 6-4　风险发生概率的解释

风险概率(p)范围	解释说明
$p \leqslant 10\%$	非常不可能发生
$10\% < p \leqslant 40\%$	不可能发生
$40\% < p \leqslant 60\%$	可能发生
$60\% < p \leqslant 90\%$	发生的可能性较大
$90\% < p \leqslant 100\%$	很可能发生

表 6-5　风险等级对照

等级＼影响　概率	可忽略	微小	一般	严重	关键
$p \leqslant 10\%$	低	低	低	中	中
$10\% < p \leqslant 40\%$	低	低	中	中	高

续表 6-5

等级　　影响 概率	可忽略	微小	一般	严重	关键
40％＜p≤60％	低	中	中	中	高
60％＜p≤90％	中	中	中	中	高
90％＜p≤100％	中	高	高	高	高

6.3.2　风险定量分析

（1）蒙特卡洛模拟法

蒙特卡洛模拟法又称为随机模拟法或统计试验法,是一种以数理统计理论为指导,通过对随机变量进行统计试验和随机模拟,来研究风险发生概率和风险损失的数学求解方法。

这种方法的特点是利用数学方法在计算机上模拟实际事物发生的概率过程,然后对其进行统计处理并给出其概率统计分布。由于这种方法可以随机模拟各变量之间复杂的动态关系,因而广泛应用于社会和经济领域,是一种相对精确而经济有效的风险分析方法,其具体分析过程如图 6-3 所示。

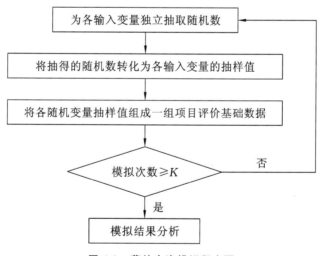

图 6-3　蒙特卡洛模拟程序图

蒙特卡洛模拟的结果通常可以用总结表和累计分布曲线来表述。

① 总结表

总结表给出了一个海洋工程项目模拟分析的全面结果,描述了评价指标 NPV、IRR 等分布特征,如期望值、中位数、标准差、离差系数、确定性程度等。表 6-6 给出了某海洋工程项目的模拟结果。

从表 6-6 可以得出,在经过 10000 次的模拟运算后,NPV≥0 的概率为 69.89%,NPV 的分布区间为(−6400~12491),NPV<0 的概率为 30.11%,NPV 的期望值为 1403,标准差为 2464,离散系数为 1.76。

表 6-6　某海洋工程项目的蒙特卡洛模拟总结表

总描述	确定性程度 NPV≥0	69.89%
	分布区间	−6400~12491
统计参数	模拟次数(N)	10000
	期望值(mean)	1403
	中位数(median)	1303
	标准差(std.deviation)	2464
	方差(variance)	6069226
	离散系数(coefficient of variation)	1.76
	标准误差的期望值(mean std.error)	24.64

② 累计分布曲线

累计分布曲线是蒙特卡洛模拟最有用的结果,反映分析结果在某一数值上的累计概率。其通常依据数据模拟的结果来进行曲线绘图,可以反映出 IRR 等数据的分布特征。

在实际的数据建模中,蒙特卡洛模拟法可以通过 Excel 或 Matlab 等软件进行数据输入并执行数据模拟与输出,其运算过程可通过计算机直接完成。在目前的蒙特卡洛模拟中多采用计算机建模来解决实际问题。

(2)敏感性分析法

敏感性分析法是指在预测的一个或几个主要因素发生变化的前提下,分析研究海洋工程项目对这些因素变化的反应程度,即测试海洋工程项目对各个变化因素的敏感度。如研究海洋工程目标成本的敏感性,其只需考虑影响海洋工程目标成本的几个主要因素的变化,如利率、投资额、运行成本等,而不是采用工作分解结构把总成本按工作性质细分为各子海洋工程项目成本,从子海洋工程项目成本角度考虑风险因素的影响。

使用敏感性分析法无法得出具体的风险影响程度值,只能说明大致的影响情况,为决策者提供可能影响海洋工程项目变化的因素及其影响的重要程度,使决策者在作决策时考虑到这些因素及最敏感因素对海洋工程项目预期目标的影响。因此,敏感性分析法一般被认为是一个有用的决策工具。

敏感性分析的一般步骤为:

① 选择敏感性分析指标。分析对象是具体的技术方案及其反映的经济效益。

② 计算技术方案的目标值。一般将在正常状态下的经济效益评价指标数值作为目标值。

③ 选取不确定因素。影响海洋工程项目风险的不确定因素有很多,在进行敏感性分析时,应根据海洋工程项目技术方案的具体情况,选取对目标值影响较大的不确定因素,例如产品售价变动、产量规模变动、投资额变化等。

④ 运用选定的评价方法,计算出基本情况下的评价指标。在选定的因素变化范围内,根据所选因素的变化增量,计算出相应的评价指标,必要时可绘制成图表。

⑤ 根据计算结果或图表,对各因素的敏感性进行分析,得出结论,供决策者参考。

（3）层次分析法

在海洋工程项目风险评价中层次分析法的运用非常普遍。层次分析法在风险评价时,将与风险有关的因素分为三个层次,在这之上进行定性分析和较少的定量分析,计算出各风险因素对海洋工程项目的相对危害程度,从而得出海洋工程项目总的风险水平。层次分析法可以将复杂的问题数学化,为决策者提供海洋工程项目的关键风险,便于提前做好风险防范。

6.4　海洋工程项目风险的规避措施

任何海洋工程项目活动都可能存在着风险,风险防范工作应从海洋工程项目活动实施前就开始实行,才能起到事半功倍的效果。风险对策研究也是海洋工程项目有关各方的共同任务,在风险对策研究中,可以采用风险-控制矩阵,针对不同的风险程度和控制能力,采取不同的策略,如表 6-7 所示。

表 6-7　风险-控制矩阵

应对措施＼风险程度　控制能力	高风险	中等风险	低风险
差	深入分析	密切跟踪	关注
一般	密切跟踪	密切跟踪	不必过多关注
强	关注	不必过多关注	不必过多关注

6.4.1　按类型划分的风险规避措施

按照规避措施的类型划分,风险应对方法可划分为风险回避、风险控制、风险转移、风险自担。

6.4.1.1　风险回避

风险回避是彻底规避风险的一种做法,即断绝风险的来源。对投资海洋工程项目可行性研究而言,就意味着提出推迟或否决海洋工程项目的建议。在可行性研究过程中,通过信息反馈彻底改变原方案的做法也属风险回避方式。

风险回避一般适用于两种情况：一是某种风险可能造成相当大的损失，且发生的频率较高；二是应用其他的风险对策防范风险代价太高，得不偿失。

6.4.1.2　风险控制

风险控制是针对可控性风险采取的防止风险发生、减少风险损失的对策，也是绝大部分海洋工程项目应用的主要风险对策。可行性研究报告的风险对策研究应十分重视风险控制措施的研究，应就识别出的关键风险因素逐一提出技术上可行、经济上合理的预防措施，以尽可能低的风险成本来降低风险发生的可能性，并将风险损失控制在最低程度。在可行性研究过程中，所做风险对策研究提出的风险控制措施可运用于方案的再设计；在可行性研究完成之时的风险对策研究，可针对决策、设计和实施阶段提出不同的风险控制措施，以防患于未然。

风险控制必须针对海洋工程项目具体情况提出防范、化解风险的措施预案，既可以是海洋工程项目内部采取的技术措施、海洋工程措施和管理措施等，也可以是采取向外分散的方式来减少自身承担的风险，形成多个风险承担主体。

6.4.1.3　风险转移

风险转移是指海洋工程项目业主将可能面临的风险转移给他人承担，以避免海洋工程项目业主承担风险损失的一种方法。转移风险有两种方式，一是将风险源转移出去，二是只把部分或全部风险损失转移出去。就投资海洋工程项目而言，第一种风险转移方式是风险回避的一种特殊形式。例如将已做完前期工作的海洋工程项目转给他人投资，或将其中风险较大的部分转给他人承包建设或经营。

第二种风险转移方式又可细分为保险转移和非保险转移两种。

（1）保险转移

保险转移是采取向保险公司投保的方式将海洋工程项目风险损失转嫁给保险公司承担。例如对某些人力难以控制的灾害性风险就可以采取保险转移方式来规避风险。

（2）非保险转移

非保险转移是海洋工程项目前期工作涉及较多的风险对策。如采用新技术可能面临较大的风险，可行性研究中可以提出在技术合同谈判中加上保证性条款，如达不到设计能力或设计消耗指标时的赔偿条款等，则可以将风险损失全部或部分转移给技术转让方。在设备采购和施工合同中也可以采用转嫁部分风险的条款。

6.4.1.4　风险自担

风险自担是指海洋工程项目风险保留在风险管理主体内部，通过采取内部控制措施等来化解风险。风险自担可分为非计划性风险自留和计划性风险自留两种。

（1）非计划性风险自留

非计划性风险自留是指风险管理人员没有意识到海洋工程项目某些风险的存在，或没有针对性地采取有效措施，以致风险发生后只好保留在风险管理主体内部。这样的风险自留就是非计划性的和被动的。

（2）计划性风险自留

计划性风险自留是主动的、有意识的、有计划的选择，是风险管理人员在经过正确的风险识别和风险评价后制定的风险应对策略。风险自留不可能单独运用，而应与其他风险对策结合使用。在实行风险自留时，应保证重大和较大的海洋工程项目风险已经执行了海洋工程保险或实施了损失控制计划。

为了应对风险自担，可以事先制定好后备措施。一旦海洋工程项目实际进展情况与计划不同，就需要动用后备措施。后备措施主要分为费用、进度和技术后备措施三种。

① 预算应急费：预算应急费是一笔事先准备好的资金，用于应对差错、疏漏及其他不确定性因素对海洋工程项目费用的影响。预算应急费在海洋工程项目预算中要单独列出，不能分散到具体费用之下，否则，海洋工程项目团队就会失去对支出的控制。

预算应急费一般分为实施应急费和经济应急费两种。实施应急费用于应对估价和实施过程中的不确定性，经济应急费用于对付通货膨胀和价格浮动。

② 进度后备措施：对于海洋工程项目进度方面的不确定性因素，海洋工程项目各方一般不希望以延长时间的方式来解决。因此，就要设法制订出一个较紧凑的进度计划，争取海洋工程项目在各方要求完成的日期前完成。

③ 技术后备措施：技术后备措施专门用于应对海洋工程项目的技术风险，它可以是一段时间或是一笔资金。当预想的情况未出现且需要采取补救行动时，才可以动用这笔资金。

以上所述的风险对策不是互斥的，实践中常常组合使用。在采取措施降低某种风险的同时并不排斥其他风险对策，例如向保险公司投保、引入合作伙伴等。可行性研究中应结合海洋工程项目的实际情况，研究并选用相应的风险对策。

6.4.2 按内容划分的风险规避措施

（1）经济方面

经济性措施是指在海洋工程项目管理过程中通过经济手段来避免或转移海洋工程项目风险。主要措施有合同方案设计（风险分配方案、合同结构设计、合同条款设计），保险方案设计（引入保险机制、保险清单分析、保险合同谈判），海洋工程项目管理成本核算。

（2）技术与海洋工程方面

技术性措施应体现可行、适用、有效性原则，主要措施有预测技术措施（模型选择、误差分析、可靠性评估），决策技术措施（模型比选、决策程序和决策准则制定、决策可靠性预评估和效果后评估），技术可靠性分析（建设技术、生产工艺方案、维护保障技术）。

（3）组织与协调方面

组织与协调措施的目的是使海洋工程项目的前后程序衔接顺畅，人员、材料及设备等方面协调一致。主要措施是贯彻综合、系统、全方位的原则和经济、合理、先进性的理念，包括设计管理流程、确定组织结构、制定管理制度和标准、选配人员、明确岗位职责，落实风险管理的责任等，此外，还应提倡推广使用风险管理信息系统等现代管理手段和方法。

6.5 海洋工程项目风险管理实例

本节将以通明海特大桥作为实例具体学习风险管理相关步骤与方法。

6.5.1 风险评估过程和评估方法

（1）评估过程

成立评估小组—收集资料—施工作业程序划分—风险分析—风险估测—制定控制措施—形成报告。

（2）评估方法

风险矩阵法、指标体系法。

6.5.2 评估内容（专项风险评估）

根据《东雷高速公路工程施工安全风险技术评估报告》，通明海特大桥桥梁施工风险等级评为Ⅲ级，需进行专项安全风险评估，将其中高风险施工作业活动（或施工区段）作为评估对象，根据其作业风险特点以及类似工程事故情况，进行风险源普查，并针对其中的重大风险源进行量化估测，提出相应的风险控制措施。

为了方便风险评估，对通明海特大桥桥梁施工作业活动进行分解（表 6-8）。

表 6-8 通明海特大桥桥梁施工主要作业活动

序号	施工作业活动
1	桩基施工
2	承台施工
3	基坑施工
4	墩（塔）柱施工
5	盖梁施工
6	支架式现浇法作业
7	爬模架施工
8	架桥机安装作业
9	桥面铺装及混凝土护栏施工
10	钢筋工程作业
11	临时设施（塔吊、龙门吊等）安装与拆除

经过调查、评估小组讨论分析分项施工过程中可能发生的典型事故类型，辨识出风险源，形成风险普查清单（表 6-9）。

表6-9 施工风险源普查清单

序号	风险源	判断依据(潜在的事故类型)
1	桩基施工	坍塌、起重伤害、物体打击、触电、淹溺、容器爆炸
2	承台施工	坍塌、起重伤害、高处坠落、淹溺
3	基坑施工	坍塌、物体打击、高处坠落
4	墩(塔)柱施工	坍塌、起重伤害、物体打击、高处坠落
5	盖梁施工	坍塌、起重伤害、物体打击、高处坠落
6	支架式现浇法作业	坍塌、起重伤害、物体打击、高处坠落
7	爬模架施工	起重伤害、物体打击
8	架桥机安装作业	坍塌、高处坠落
9	桥面铺装及混凝土护栏施工	物体打击、高处坠落、机械伤害、触电
10	钢筋工程作业	起重伤害、物体打击、机械伤害、触电、容器爆炸
11	临时设施(塔吊、龙门吊等)安装与拆除	坍塌、物体打击、高处坠落

6.5.3 风险分析结果

采用鱼刺图法进行事故致因分析,分析致险因子(图6-4),并找出导致事故发生的物的不安全状态和人的不安全行为,根据 GB 6441《企业职工伤亡事故分类》,风险分析结果如表6-10 所示(桩基施工部分)。

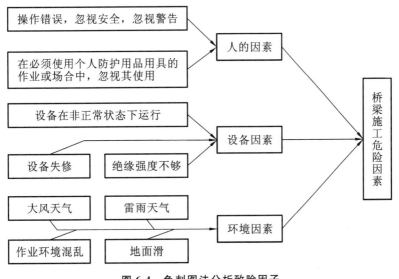

图6-4 鱼刺图法分析致险因子

表 6-10　通明海特大桥施工风险分析结果

单位作业内容	潜在的事故类型	致险因子	受伤害人员类型	伤害程度	不安全状态	不安全行为
墩(塔)柱施工	坍塌	泥沙地质坍塌、水上平台	作业人员、周围其他人员	重伤、死亡	场地环境不良,操作工序设计或配置不安全	忽视警告标志、警告信号,冒险进入危险场所,物体存放不当
	起重伤害	龙门吊、汽车吊	作业人员、周围其他人员	轻伤、重伤、死亡	设备在非正常状态下运行,操作工序设计或配置不安全,起吊重物的绳索不符合安全要求	操作错误,忽视安全,忽视警告,冒险进入危险场所,有分散注意力行为,在起吊物下作业停留,攀、坐吊钩
	物体打击	物件掉落	作业人员、周围其他人员	轻伤、重伤、死亡	无防护,个人防护用品用具缺少或有缺陷,工具、制品、材料堆放不安全	操作错误,忽视安全,忽视警告,冒险进入危险场所,在必须使用个人防护用品用具的作业或场合中,忽视其使用
	高处坠落	高处临边	作业人员	轻伤、重伤、死亡	无防护,个人防护用品用具缺少或有缺陷,地面滑	忽视警告标志、警告信号,冒险进入危险场所,有分散注意力行为,未佩戴安全带,未穿安全鞋

6.5.4　风险估测

风险估测采用定性或定量的方法对风险发生的可能性及严重性进行数量估算,通过风险矩阵方法确定施工的风险大小,将风险评估结果填入表 6-11 中。风险大小＝事故发生可能性×事故严重程度。

表 6-11　风险估测汇总表

编号	风险源		风险估测			
	作业内容	潜在事故类型	严重程度		可能性	风险大小
			人员伤亡	经济损失		
1	墩(塔)柱施工	坍塌	较大	较大	可能	高度Ⅲ
		起重伤害	一般	一般	偶然	中度Ⅱ
		物体打击	较大	较大	可能	高度Ⅲ
		高处坠落	较大	较大	可能	高度Ⅲ

编号	风险源		风险估测			
	作业内容	潜在事故类型	严重程度		可能性	风险大小
			人员伤亡	经济损失		
2	桩基施工	坍塌	一般	一般	偶然	中度Ⅱ
		起重伤害	一般	一般	偶然	中度Ⅱ
		物体打击	一般	一般	偶然	中度Ⅱ
		触电	一般	一般	偶然	中度Ⅱ
		淹溺	一般	一般	可能	中度Ⅱ
		容器爆炸	一般	一般	偶然	中度Ⅱ
3	承台施工	坍塌	一般	一般	偶然	中度Ⅱ
		起重伤害	一般	一般	偶然	中度Ⅱ
		高处坠落	一般	一般	可能	中度Ⅱ
		淹溺	一般	一般	可能	中度Ⅱ
4	基坑施工	坍塌	一般	一般	可能	中度Ⅱ
		物体打击	一般	一般	可能	中度Ⅱ
		高处坠落	一般	一般	可能	中度Ⅱ
5	盖梁施工	坍塌	一般	一般	偶然	中度Ⅱ
		起重伤害	一般	一般	偶然	中度Ⅱ
		物体打击	一般	一般	可能	中度Ⅱ
		高空坠落	一般	一般	可能	中度Ⅱ
6	支架式现浇法作业	坍塌	较大	较大	可能	高度Ⅲ
		起重伤害	一般	一般	偶然	中度Ⅱ
		物体打击	一般	一般	可能	中度Ⅱ
		高空坠落	较大	较大	可能	高度Ⅲ

6.5.5 墩(塔)柱施工风险防控对策及建议

墩(塔)柱施工风险防控应重点考虑坍塌事故、物体打击事故及高空坠落等。

(1)作业前应逐级做好安全技术交底。

(2)所有参加施工人员必须使用个人防护用品,危险区域、部位设置安全警示标志。

(3)特种作业人员必须持证上岗。

(4)钢筋笼运装到指定地点时,应设置专人指挥,清理道路障碍,保证行走道路的安全与顺利通行。

(5)吊装时,应设专人指挥,无关人员一律离开吊装区域;吊装、绑扎作业应选择在天气条件良好时进行,暴雨、雷击天气禁止进行下放作业。

(6)钢筋笼绑扎作业时,应避免交叉作业,吊装作业的下方严禁人员站立或工作。

(7)加强对施工作业的安全管理,规范现场和施工操作。

（8）高处作业人员必须遵守高处作业安全管理规定。

（9）作业的临时用电应装漏电保护装置,临时线路必须加高、稳固、安全。

（10）需进行攀爬、登高作业的,必须设置上下梯道,严禁人员攀登翻模或通过绳索上下。

（11）模板预留洞口必须采取防护措施。

（12）多人协同作业时,必须有人指挥、密切配合,作业时不准饮酒、开玩笑。

（13）工作平台应结实、牢靠,作业人员的工具、配件等必须按规定放置。

（14）大雨、大雪、大雾和六级（含）风以上等恶劣天气必须停止高空作业。

6.5.6 支架式现浇法施工风险防控对策及建议

（1）移动模架施工前,应根据结构特点、混凝土施工工艺和现行的有关要求进行施工专项安全设计,并制定安装、拆除程序及安全技术措施。

（2）使用材料应满足下列要求:制作移动模架的材质应符合现行国家技术标准的要求;移动模架及其配件应由具有相应资质的企业生产,具有合格证,并经验收确认质量合格;使用的移动模架及其配件,使用前应经检查合格,不得有裂纹、变形和腐蚀等缺陷。

（3）模架使用前必须对制动器、控制器、安全装置和设备的稳定性等进行全面的检查,发现工作性能不正常时应在操作前排除;确认符合安全要求后方可进行操作。

（4）移动模架安装完成后,应对其进行堆载预压,确认其符合设计要求。

（5）移动模架横移前,应对所有的液压系统进行检查,检查液压油是否足够、油路是否通畅、有无漏油、控制阀是否正常;线路是否连通、是否漏电、开关是否完好等。

（6）移动模架操作平台应严格按照施工设计安装。平台四周要有防护栏杆和安全网,平台板不得留空隙。作业人员应戴安全帽、穿防滑鞋,高空作业时系安全带。禁止施工人员利用拉杆、支撑攀登上下。

（7）移动模架移动过跨时间,应根据结构的特点、部位和混凝土达到的强度确定。

（8）移动模架堆载预压应严格按照已审定的移动模架堆载预压方案来进行分级加载和卸载。预压前,必须对移动模架进行全面检查,必须向作业人员进行详细的方案交底。预压过程中做好应力、位移的监测。

（9）移动模架移动时,必须检查前后支承体系是否可靠（重点检查墩旁托架与墩身是否抱紧,墩旁托架上的螺旋支座与墩身两侧是否抱紧）,模架移动时是否左右同步、平稳。

（10）移动模架横移、纵移时,应由专人进行指挥,指挥口令必须统一明确且符合规定;移动模架起重作业的操作、指挥、司索人员必须持特种作业操作证上岗。

（11）拆除前,应先清理施工现场,划定作业区。拆除时应设专人值守,非作业人员禁止入内;拆除作业必须由作业组长指挥,作业人员必须服从指挥,步调一致,并随时保持作业场地整洁、道路畅通。

【小结】

海洋工程项目风险管理主要包括风险识别、风险评价、风险应对和风险监控。本章首先细致介绍了海洋工程项目风险的含义、特点及来源,而后从风险识别与风险规避两方面进行分析研究,着重介绍了风险识别的过程和方法以及风险评价的方法,最后介绍了风险规避措施的分类和具体措施内容。

海洋工程项目风险管理对于海洋工程项目总体目标的实现有很大的帮助。正确识别海洋工程项目风险,分析风险因素,做好应对措施,才能保证海洋工程项目平稳进行,并减少不必要的开支。

【关键术语】

风险(risk):未来变化偏离预期的可能性以及其对目标产生影响的大小。

工程项目风险(project risk):未来发生不利事件对工程项目的建设和运营产生重大影响的可能性。

【讨论与案例分析】

【案例6-1】 杭州湾跨海大桥风险管理实例

杭州湾跨海大桥是国道主干线——同三线跨越杭州湾的便捷通道。大桥北起浙江省嘉兴市,跨越宽阔的杭州湾海域后止于浙江省宁波市,全长36km,是目前世界上最长的跨海大桥。大桥按双向六车道高速公路设计,设计时速100km/h,设计使用年限100年,总投资额约118亿元。

杭州湾跨海大桥于2003年11月开工,2007年6月贯通,2008年5月正式通车,它的建成大大缩短了上海到浙江省东部沿海地区的距离,对长三角经济一体化的发展起到了重要的作用。

杭州湾跨海大桥作为世界上最长的跨海公路桥梁,工程建设难度高,气象、水文和地质条件十分复杂,工程设计和施工难度大,因此,存在诸多风险。本案例从风险识别和风险应对的角度对其作出具体分析,如表6-12和表6-13所示。

表6-12 杭州湾跨海大桥工程的风险结构

层次0	层次1	层次2	层次3
杭州湾跨海大桥项目风险	设计风险	技术标准	工程技术标准
		结构可靠性	结构延性
			河床冲淤对结构桩基的影响
			船舶对大桥的撞击影响
		工程建设规模	岸线变化
			海床变动
			深槽变动
		交通工程设施	交通监管设施
			应急救援设施
		防腐蚀措施	防腐材料
			防腐措施
		施工管理	业主单位
			施工单位

续表 6-12

层次 0	层次 1	层次 2	层次 3
杭州湾跨海大桥项目风险	施工风险	施工组织设计	海上指挥生活中心
			海上运输系统
			海上安全系统
		施工技术	滩涂区引桥施工
			低墩引桥施工
			高墩引桥施工
			通航孔施工
	进度风险	自然条件	气候条件(潮汐/洪水/台风)
			地质条件(软土地基)
		总体施工组织	施工能力
			施工方案
			施工技术
		前期工作	项目审批
			开工准备
		资金来源	资金数量及可靠性
			资金供应时间
	环境风险	自然环境	潮流变化
			泥沙淤积
			航道稳定性
		生态环境	海洋生物
			陆地植被
			水土保持
		景观环境	风景变化
			文物保护
	社会风险	社会环境影响	交通便捷性
			社区聚集与安全
		社会个人影响	拆迁移民
			社区分割
			劳动就业
		社会机构影响	航运影响
			附近企业生产影响

层次 0	层次 1	层次 2	层次 3
杭州湾跨海大桥项目风险	交通量预测	基础数据的可靠性	交通量数据
			交通量结构
		经济发展速度的可能性	经济发展速度
			经济结构
		预测方法的正确性	预测方法及组合
			预测参数（弹性系数）
	投资估算	建安工程费	工程量估算
			三材价格变动（钢材、木材、水泥）
			建设市场能力
		设备购置费	设备价格
			设备数量
			特殊设备
		其他费用	征地拆迁费
			项目管理费
			利率变化
			汇率变化
	财务可持续性	投资增加	海洋工程项目管理模式
			海洋工程项目控制能力
			海洋工程项目运营维护方式
		资金筹措	资本金
			银行贷款
		财务清偿与报酬能力	贷款偿还计划
	海洋工程项目运行效益	效益	通车量
			过桥收费标准
			海洋工程项目特许经营年限
		费用	海洋工程项目运营成本
			海洋工程项目维护成本

表 6-13　杭州湾跨海大桥工程的风险管理措施

措施类别	措施内容
技术措施	(1)成立专家技术咨询小组,充分论证工程设计及施工方案
	(2)对工程所涉及海域的气象、水文和地质资料进行详细分析与评估
	(3)采取有力措施解决 GPS"失锁"、"假锁"的问题,在海上增设两个参考站
	(4)加强对钢管桩运输环节的管理,避免因碰撞而导致涂层破坏,若出现破坏点,立即补涂环氧涂层
	(5)组织力量对历年潮位过程进行详细研究,借助专业单位进行桥位区海浪预报、流速测量、潮水高度计算,并据此制订作业计划
	(6)注重海上大体积海工混凝土浇筑工艺的研究,引进海上混凝土专用船和墩身安装专用船
	(7)组织施工单位认真研究桥梁的钻孔桩工艺,在泥浆配合比、泥浆分离器的使用、成孔工艺和混凝土浇灌等方面形成规范
	(8)引入大型、先进的施工设备,将钻孔平台的抗风、暴、潮能力提高到 50 年一遇,海上混凝土搅拌分成平台和拌合船两套体系,对平台结构进行详细计算
	(9)开展索塔钢锚箱安装工艺研究,细化安装方案
	(10)建立和完善海上交通指挥系统,统一协调、管理海上船只,保证海上运输畅通,保证海上数以百计的作业船只的有效安全运行
	(11)采用大型预制安装的设计方案,尽量减少现场作业
	(12)发挥咨询作用,建立可靠的工期节点控制体系,实行月统计、季考核制度,加强业主的调控能力
组织措施	(1)建立完善的海洋工程项目管理体系
	(2)合理制订工期计划,严格按照工期计划施工
	(3)分段落进行施工并做好成品保护,确保工程质量
	(4)合理配置人员、机械、原材料,保证供应及时
	(5)建立安全管理体系,确保完成安全目标
经济措施	(1)按工程清单合计金额提取 10% 的不可预见风险费
	(2)合理编制资金使用计划,在海洋工程项目内部推行成本管理考核制
	(3)认真研究工程合同,抓住变更、索赔机会增加额外利润
	(4)签订供货合同并增设履约保函,做好材料供应商的管理
	(5)购买建筑工程一切险及施工人员意外伤害险,充分利用保险措施来转移不可预见的风险

7 海洋工程项目策划

【本章核心概念及定义】

1.海洋工程项目策划的含义、特点及类型；

2.海洋工程项目策划的任务；

3.海洋工程项目策划的主要内容。

7.1 海洋工程项目策划概述

7.1.1 海洋工程项目策划的内涵

7.1.1.1 海洋工程项目策划的含义

海洋工程项目策划是海洋工程项目管理的一个重要组成部分，是海洋工程项目建设成功的前提，科学、严谨的前期策划将为海洋工程项目建设的决策和实施增值。

海洋工程项目策划是指在海洋工程项目建设前期，通过调查研究和收集资料，在充分占有信息的基础上，针对海洋工程项目的决策和实施或决策和实施中的某个问题，进行组织、管理、经济和技术等方面的科学分析和论证，这将使海洋工程项目建设有正确的方向和明确的目的，也使海洋工程项目的设计工作有明确的方向并充分体现业主的建设目的。

海洋工程项目策划的根本目的是为海洋工程项目建设的决策和实施增值。增值可以反映在人类生活和工作的环境保护、建设环境美化、海洋工程项目的使用功能和建设质量提高、建设成本和经营成本降低、社会效益和经济效益提高、建设周期缩短、建设过程的组织和协调强化等方面。

海洋工程项目策划的意义在于其工作成果使海洋工程项目的决策和实施有据可依。海洋工程项目开展过程中任何一个阶段、任何一个方面的工作都经过各方面专业人员的分析和计划，既具体入微，又不失其系统性，不会有无谓的重复浪费，也不会有严重的疏漏缺失，使海洋工程项目执行的目标、过程、组织、方法、手段等都更具系统性和可行性，避免随意性和盲目性。

7.1.1.2 海洋工程项目策划的特点

海洋工程项目策划就是把建设意图转换成定义明确、要求清晰、目标明确且具有可操作性的海洋工程项目策划文件的活动过程，回答为什么要建、建什么以及怎么建海洋工程项目的问题，从而为海洋工程项目的决策和实施提供全面的、系统性的计划和依据。因此，海洋工程项目策划具有以下特点：

（1）重视同类海洋工程项目的经验和教训的分析；

（2）坚持开放型的工作原则；

（3）策划是一个知识管理的过程；

（4）策划是一个创新求增值的过程；

（5）策划是一个动态过程。

7.1.2　海洋工程项目策划的类型

7.1.2.1　根据海洋工程项目策划阶段划分

我国的海洋工程项目建设一般可分为三个主要阶段，分别是海洋工程项目决策阶段、海洋工程项目实施阶段和海洋工程项目运营阶段，如图7-1所示。

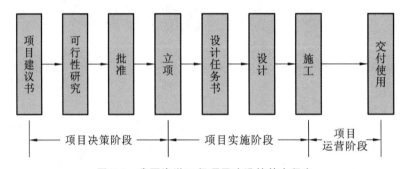

图7-1　我国海洋工程项目建设的基本程序

根据海洋工程项目建设的阶段划分，海洋工程项目策划可分为以下三种：

（1）海洋工程项目决策策划

海洋工程项目决策策划一般在海洋工程项目决策阶段完成，要回答建设什么、为什么要建设的问题，又称为海洋工程项目决策评估。

（2）海洋工程项目实施策划

海洋工程项目实施策划一般在海洋工程项目实施阶段的前期完成，为海洋工程项目管理服务，主要确定怎么建，又称为海洋工程项目实施评估。

无论是在海洋工程项目决策阶段为海洋工程项目决策提供依据，还是在海洋工程项目实施阶段为海洋工程项目实施提供方向，海洋工程项目策划都是十分必要的。海洋工程项目决策策划和海洋工程项目实施策划统称海洋工程项目策划。

（3）海洋工程项目运营策划

海洋工程项目运营策划在海洋工程项目实施阶段完成，用于指导海洋工程项目启用准备和海洋工程项目运营，并在海洋工程项目运营阶段进行调整和完善。并不是所有的海洋工程项目都有海洋工程项目运营策划。

7.1.2.2　根据海洋工程项目策划性质划分

（1）新建海洋工程项目策划；

（2）改建海洋工程项目策划；

（3）扩建海洋工程项目策划；

（4）迁建海洋工程项目策划；

（5）恢复海洋工程项目策划。

7.1.2.3　根据海洋工程项目策划范围划分

（1）海洋工程项目建设总体方案策划；

（2）海洋工程项目建设局部方案策划。

7.1.3　海洋工程项目策划的任务

7.1.3.1　海洋工程项目决策的策划任务

海洋工程项目决策的策划最主要的任务是定义开发或者建设什么，及其效益和意义如何。具体包括：明确海洋工程项目的规模、内容、使用功能和质量标准，估算海洋工程项目总投资和投资收益，以及确定海洋工程项目的总进度规划等。

海洋工程项目决策策划一般包括以下六项任务：

（1）建设环境和条件的调查与分析。

（2）海洋工程项目建设目标论证与海洋工程项目定义。

（3）海洋工程项目架构分析。

（4）与海洋工程项目决策有关的组织、管理、合同和经济方面的论证与策划。

（5）与海洋工程项目决策有关的技术方面的论证与策划。

（6）海洋工程项目决策的风险分析。

根据具体海洋工程项目的不同情况，策划文件的形式可能有所不同，有的形成一份完整的策划文件，有的可能形成一系列策划文件。

7.1.3.2　海洋工程项目实施的策划任务

海洋工程项目实施的策划最主要的任务是定义如何组织开发和建设该海洋工程项目。由于策划所处的时期不同，海洋工程项目实施策划任务的重点、工作重心、策划的深入程度与海洋工程项目决策阶段的策划任务有所不同。海洋工程项目实施策划要详细分析实施中的组织、管理和协调等问题，包括如何组织设计、如何招标、如何组织施工、如何组织供货等问题。

海洋工程项目实施策划的基本内容如下：

（1）海洋工程项目实施环境和条件的调查与分析。

（2）海洋工程项目目标的分析和再论证。

（3）海洋工程项目实施的组织策划。

（4）海洋工程项目实施的管理策划。

（5）海洋工程项目实施的合同策划。

（6）海洋工程项目实施的经济策划。

（7）海洋工程项目实施的技术策划。

（8）海洋工程项目实施的风险分析与策划等。

海洋工程项目决策和海洋工程项目实施两阶段的策划任务可以归纳如表 7-1 所示。

表 7-1　海洋工程项目决策和实施阶段的策划任务表

策划任务	海洋工程项目决策阶段	海洋工程项目实施阶段
环境调查和分析	海洋工程项目所处的建设环境,包括能源供给、基础设施等;海洋工程项目所要求的建筑环境,其风格和主色调是否和周围环境相协调;海洋工程项目当地的自然环境,包括天气状况、气候和风向等;海洋工程项目的市场环境、政策环境以及宏观经济环境等	需要调查分析自然环境、建设政策环境、建筑市场环境、建设环境(能源、基础设施等)和建筑环境(风格、主色调等)
海洋工程项目定义和论证	海洋工程项目的开发或建设目的、宗旨及其指导思想;海洋工程项目的规模、组成、功能和标准;海洋工程项目的总投资和建设开发周期等	需要进行投资目标分解和论证,编制海洋工程项目投资总体规划;进行进度目标论证,编制海洋工程项目建设总进度规划;进行海洋工程项目功能分解、建筑面积分配,确定海洋工程项目质量目标等
组织策划	海洋工程项目的组织结构分析;决策期的组织结构、任务分工以及管理职能分工;决策期的工作流程和海洋工程项目的编码体系分析等	确定业主筹建团队的组织结构、任务分工和管理职能分工;确定业主方海洋工程项目管理团队的组织结构、任务分工和管理职能分工;确定海洋工程项目管理工作流程,建立编码体系
管理策划	制订建设期管理总体方案、运行期管理总体方案以及经营期管理总体方案等	确定海洋工程项目实施各阶段的海洋工程项目管理工作内容;确定海洋工程项目风险管理与海洋工程保险方案,包括投资控制、进度控制、质量控制、合同管理、信息管理和组织协调
合同策划	策划决策期的合同结构、决策期的合同内容和文本、建设期的合同结构及总体方案等	确定方案设计竞赛的组织;确定海洋工程项目管理委托的合同结构;确定设计合同结构方案、施工合同结构方案和物资采购合同结构方案;确定各种合同类型和文本的采用

策划任务	海洋工程项目决策阶段	海洋工程项目实施阶段
经济策划	进行开发或建设成本分析,进行开发或建设效益分析,制订海洋工程项目的融资方案和资金需求量计划等	编制资金需求量计划,进行融资方案的深化分析
技术策划	技术方案分析和论证,关键技术分析和论证,技术标准和规范的应用与制定	对技术方案和关键技术进行深化分析和论证,明确技术标准和规范的应用与制定
风险分析	对政治风险、政策风险、经济风险、技术风险、组织风险和管理风险等进行分析	进行政治风险、政策风险、经济风险、技术风险、组织风险和管理风险分析

7.2 海洋工程项目策划的主要内容

由于海洋工程项目策划的主要依据是合同,因此,海洋工程项目策划需满足合同要求。海洋工程项目策划需包括下列主要内容:

(1)资源的配置计划,主要确定完成海洋工程项目活动所需的人力、设备、材料、技术、资金和信息等资源的种类和数量。资源配置计划根据海洋工程项目工作分解结构编制。资源的配置对海洋工程项目实施起着关键的作用,海洋工程总承包企业根据海洋工程项目目标,为海洋工程项目配备合格的人员、足够的设施和财力等资源,以保证海洋工程项目按照合同要求实施。

(2)制定海洋工程项目协调程序和规定,是海洋工程项目策划工作中的一项重要内容,海洋工程项目部与相关海洋工程项目干系人之间的沟通,需在海洋工程项目策划阶段予以确定,以保证海洋工程项目实施过程中信息沟通及时和准确。

考虑到海洋工程项目建设分为几个不同阶段,将海洋工程项目策划的主要内容依据不同阶段的特点进行了分配。

7.2.1 海洋工程项目决策策划

海洋工程项目决策的策划主要针对海洋工程项目的决策阶段,通过对海洋工程项目前期环境的调查与分析,进行海洋工程项目建设基本目标的论证与分析,进行海洋工程项目定义、功能分析和面积分配,并在此基础上对与海洋工程项目建设有关的组织、管理、经济与技术方面进行论证与策划,为海洋工程项目的决策提供依据。

海洋工程项目决策策划是在海洋工程项目建设意图产生之后、海洋工程项目建设立项之前,它是海洋工程项目管理的一个重要组成部分,是海洋工程项目实施策划的前提,其基本内容如图 7-2 所示。

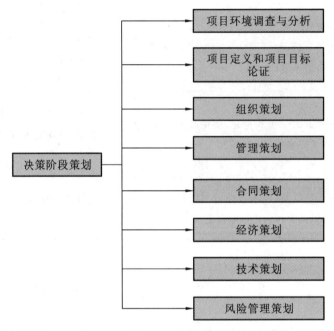

图 7-2　海洋工程项目决策阶段策划的基本内容

7.2.1.1　海洋工程项目环境调查与分析

海洋工程项目环境调查与分析是海洋工程项目策划工作的第一步,也是最基础的一环。如果不进行充分的环境调查,所策划的结果可能与实际需求背道而驰,甚至得出错误的结论,并直接影响海洋工程项目的实施。因此,策划的第一步必须对影响海洋工程项目策划工作的各方面环境进行调查,并进行认真分析,找出影响海洋工程项目建设与发展的主要因素,为后续策划工作提供较好的基础。

环境调查的工作范围为海洋工程项目本身所涉及的各个方面的环境因素和环境条件,以及海洋工程项目实施过程中可能涉及的各种环境因素和环境条件。工作范围应力求全面、深入和系统,具体可以包括以下方面:

① 海洋工程项目周边自然环境和条件;

② 海洋工程项目开发时期的市场环境;

③ 宏观经济环境;

④ 海洋工程项目所在地政策环境;

⑤ 建设条件环境(能源、基础设施等);

⑥ 历史、文化环境(包括风土人情等);

⑦ 建筑环境(风格、主色调等);

⑧ 其他相关问题。

海洋工程项目环境调查的内容不是一成不变的，需要根据具体海洋工程项目的特点进行有针对性的调查，就交通工程项目而言，最重要的是市场预测，因为交通工程项目大多数都是经营性工程项目，因此，未来交通量的预测对项目的运营至关重要。

常用的预测方法有定性预测和定量预测两种。

（1）定性预测

定性预测是建立在经验判断的基础上，并对判断结果进行有效处理的预测方法，适用于预测对象受到各种因素的影响，又无法对其影响因素进行定量分析的情况。其特点是灵活性强，能够充分发挥人的主观能动性，简便易行。

定性预测的常用方法有：头脑风暴法、德尔菲法、类推预测法等。

前两种方法属于专家调查法，在风险管理章节中已经论述过。类推预测法是指利用事物之间的某种相似特点，把先行事物的表现过程类推到后继事物上去，从而对后继事物的前景做出预测的一种方法。它是由局部到整体、个别到特殊的分析推理方法，具有极大的灵活性、针对性和广泛性，非常适用于新产品、新行业和新市场的需求预测。

（2）定量预测

定量预测是指在历史数据和统计资料充分的基础上，运用数学方法，通常还要结合计算机技术，对事物未来的发展趋势进行数量方面的估计与推测。其特点是依靠实际观察数据，重视数据的作用和定量分析，受主观因素影响较少；将数学模型作为定量预测的工具。

定量预测的常用方法有延伸预测法、因果分析法等。

① 延伸预测法

在市场预测中，经常遇到按时间排列的统计数据，如按月份、季度和年度统计的 GDP、客运量、销售量等数据，这些数据被称为时间序列。时间序列预测就是通过对预测目标本身时间序列的处理，研究预测目标的变化趋势。延伸预测法就是时间序列预测法，主要包括移动平均法、指数平滑法、趋势外推法等。

a. 移动平均法

移动平均法可分为简单移动平均法和加权移动平均法。

简单移动平均法是预测将来某一时期的平均值的一种方法。该方法对过去若干历史数据求算术平均数，并把该数据作为以后时期的预测值，其公式如下所示：

$$F_{t+1} = \frac{1}{n} \sum_{i=t-n+1}^{t} x_i \tag{7-1}$$

式中　　F_{t+1}——$t+1$ 时的预测值；

x_i—— 前 i 期的实际值。

移动平均法只适用于短期预测，在大多数情况下只用于以月度或周为单位的近期预测。其优点是简单易行，容易掌握，缺点是只能处理水平型历史数据。

b. 指数平滑法

指数平滑法又称指数加权平均法，实际上是特殊的加权移动平均法。它是选取各时期权重数值为递减指数数列的均值方法。指数平滑法弥补了移动平均法需要各观测值和不考

虑 $t-n$ 前时期数据的缺点,通过某种平均方式,消除历史统计序列中的随机波动,找出其中主要的发展趋势。

一次指数平滑法又称简单指数平滑法,是一种较为灵活的时间序列预测方法,它在计算预测值时对于历史数据的观测值给予不同的权重,其公式如下:

$$x'_{t+1}=F_t \qquad (7\text{-}2)$$

$$F_t=\alpha x_t+(1-\alpha)F_{t-1} \qquad (7\text{-}3)$$

式中 α——平滑系数,$0<\alpha<1$;

       x_t——历史数据序列 x 在 t 时的观测值。

② 因果分析法

因果分析法包括回归分析法和弹性系数法。

a. 回归分析法

回归分析法是描述分析相关因素的关系的一种数理统计方法,通过建立一个或一组自变量与相关随机变量的回归分析模型,来预测相关随机变量的未来值。

回归分析法按分析中自变量的个数可分为一元回归与多元回归,按自变量和因变量的关系可分为线性回归与非线性回归。本章主要论述一元线性回归。

一元线性回归模型的形式为:

$$y=a+bx+e \qquad (7\text{-}4)$$

式中 y——因变量,即拟进行预测的变量;

       x——自变量,即引起因变量变化的变量;

       a,b——x 和 y 之间关系的系数;

       e——误差项。

为了确定 a 和 b,从而揭示变量 y 与 x 之间的关系,假设公式可以表示为:

$$y=a+bx \qquad (7\text{-}5)$$

可以利用普通最小二乘法原理求出回归系数 a 和 b:

$$b=\frac{\sum x_i y_i-\bar{x}\sum y_i}{\sum x_i^2-\bar{x}\sum x_i} \qquad (7\text{-}6)$$

$$a=\bar{y}-b\bar{x} \qquad (7\text{-}7)$$

式中 $\bar{y},\bar{x}$——y_i、x_i 的算术平均值,$\bar{y}=\dfrac{\sum y_i}{n}$,$\bar{x}=\dfrac{\sum x_i}{n}$;

       n——调查统计样本数。

b. 弹性系数法

弹性系数法是一种相对简单易行的定量预测方法。此处的弹性是一个相对量,可衡量某一变量的改变所引起的另一变量的相对变化。一般来说,两个变量之间的关系越密切,相应的弹性值就越大;两个变量越不相关,相应的弹性值就越小。

各种预测方法都有着自身的适用范围及优缺点,具体如表 7-2 所示。

表 7-2　常用预测方法的比较

	预测方法	方法简介	适用范围	需要的数据	精确度	预测时间
定性预测	头脑风暴法	组织有关方面专家通过会议形式进行预测	长期预测、科技预测、新产品预测	市场历史发展资料和信息	长期较好	较长
	德尔菲法	进行专家匿名调查,多轮反馈得出预测结果	长期预测、科技预测、新产品预测	将专家意见综合分析与处理	长期较好	长
	类推预测法	运用相似性原理进行对比性分析得出结论	长期预测、科技预测、新产品预测	多年历史资料	尚好	一般
定量预测	移动平均法	取时间序列中连续几个数据值的平均值	短期预测	数据最低要求 5～10 个	尚好	短
	指数平滑法	考虑历史数据远近期的不同,给予不同权重来预测	短期预测	数据最低要求 5～10 个	较好	短
	趋势外推法	运用数学模型拟合一条趋势线来外推未来事物的发展	短、中期预测	至少 5 年数据	短期好,中期较好	短
	回归分析法	运用因果关系建立回归分析模型进行预测	短、中、长期预测	需要几年数据	很好	取决于分析能力
	弹性系数法	运用两个变量之间的弹性系数进行预测	短、中、长期预测	需要几年数据	较好	短
	消费系数法	对产品的消费数量进行分析,结合行业规划预测需求量	短、中、长期预测	需要几年数据	很好	取决于分析能力

交通行业的预测是以交通运输需求预测为主要工作。按照预测的对象来划分,交通行业的预测可分为货运预测与客运预测;按照预测的层次划分,交通行业的预测可分为全国运量预测、国家经济各部门运量预测、各地区运量预测和各种运输方式的运量预测;按照预测的内容,交通行业的预测可分为发送量预测、到达量预测、周转量预测和平均运距预测。交通运输预测技术路线如图 7-3 所示。

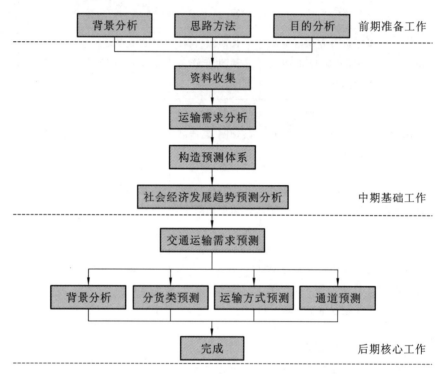

图 7-3　交通运输预测技术路线

7.2.1.2　海洋工程项目定义和海洋工程项目目标论证

海洋工程项目定义和海洋工程项目目标论证是海洋工程项目决策策划的重点。

海洋工程项目定义是将建设意图和初步构思转换成定义明确、系统清晰、目标具体、具有明确可操作性的方案。

海洋工程项目定义确定海洋工程项目实施的总体构思,主要解决两个问题:第一是明确海洋工程项目定位。海洋工程项目定位是指海洋工程项目的功能、建设的内容、规模、组成等,也就是海洋工程项目建设的基本思路。第二是明确海洋工程项目的建设目标。

在海洋工程项目定义中可能还会有其他不同的提法,经常出现的内容还有:

(1)海洋工程项目发展战略;

(2)海洋工程项目总体构思;

(3)海洋工程项目产业策划等。

海洋工程项目定义和海洋工程项目目标论证的主要工作内容包括以下几个方面:

（1）确定海洋工程项目建设的目的、宗旨和指导思想；

（2）海洋工程项目的规模、组成、功能和标准的定义；

（3）海洋工程项目总投资规划和论证；

（4）建设周期规划和论证。

7.2.1.3 经济策划

海洋工程项目经济策划是在海洋工程项目定义与功能策划的基础上，进行整个海洋工程项目投资估算，并且进行融资方案的设计以及海洋工程项目经济评价。

（1）海洋工程项目总投资估算

海洋工程项目经济策划的首要工作是进行海洋工程项目总投资估算。就建设海洋工程项目而言，海洋工程项目的总投资估算包括海洋工程项目的前期费用、海洋工程建设造价和其他投资等。其中，海洋工程建设造价是海洋工程项目总投资中最主要的组成部分。

海洋工程项目总投资估算一般分以下五个步骤：

① 根据海洋工程项目组成对海洋工程总投资进行结构分解，即进行投资切块分析并进行编码，确定各项投资与费用的组成，其关键是不能有漏项。

② 根据海洋工程项目规模分析各项投资分解项的海洋工程数量。由于此时尚无设计图纸，因此要求估算师具有丰富的经验，并对海洋工程内容作出许多假设。

③ 根据海洋工程项目标准估算各项投资分解项的单价。此时尚不能套用概预算定额，要求估算师拥有大量的经验数据及丰富的估算经验。

④ 根据数量和单价计算投资合价。有了每一项投资分解项的投资合价以后，即可进行逐层汇总。每一个父项投资合价都是子项各投资合价汇总之和，最终可得出海洋工程项目总投资估算，并形成估算汇总表和明细表。

⑤ 对估算所作的各项假设和计算方法进行说明，编制投资估算说明书。

从以上分析可以看出，海洋工程项目总投资估算要求估算师具有丰富的实践经验，了解大量同类或类似海洋工程项目的经验数据，掌握投资估算的计算方法，因此投资估算是一项专业性较强的工作。

海洋工程项目总投资估算主要用来论证投资规划的可行性，并为海洋工程项目财务分析和财务评价提供基础，进而论证海洋工程项目建设的可行性。一旦海洋工程项目实施，海洋工程项目总投资估算也是投资控制的重要依据。

总投资估算在海洋工程项目前期往往要进行多次的调整、优化，并进行论证，最终确定总投资规划文件。

（2）融资方案

海洋工程项目融资方案策划主要包括融资组织与融资方式策划、海洋工程项目开发融资模式策划等。

① 融资组织与融资方式策划

融资组织与融资方式策划主要包括确定海洋工程项目融资的主体以及融资的具体方

式。不同海洋工程项目的融资主体应有所不同,需要根据实际情况进行最佳组合和选择。

图 7-4 为某园区整体融资模式图。

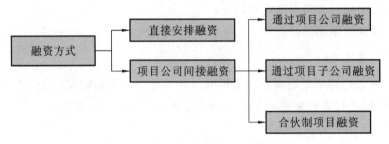

图 7-4　某园区整体融资模式图

② 海洋工程项目开发融资模式策划

海洋工程项目融资主体确定以后,需要对海洋工程项目开发时具体的融资模式进行策划。图 7-5 为某总部园区单个海洋工程项目的开发融资模式。

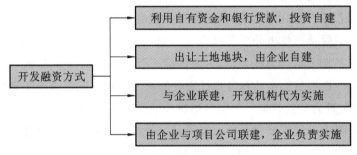

图 7-5　单个项目开发融资模式

（3）海洋工程项目经济评价

海洋工程项目的经济可行性评价系统包括海洋工程项目国民经济评价、财务评价和社会评价三个部分,它们分别从三个不同的角度对海洋工程项目的经济可行性进行分析。国民经济评价和社会评价是分别从国家、社会宏观角度出发考察海洋工程项目的可行性,而财务评价则是从海洋工程项目本身出发考察其在经济上的可行性。

所谓财务评价,是根据国家现行的财税制度和价格体系,分析、计算海洋工程项目直接发生的财务效益和费用,编制财务报表,计算评价指标,考察海洋工程项目的获利能力和清偿能力等,以判断海洋工程项目的可行性。财务评价主要包括以下内容:

① 财务评价基础数据与参数选取;

② 收支预测;

③ 投资盈利能力及主要财务指标分析;

④ 财务清偿能力分析;

⑤ 敏感性分析;

⑥ 财务评价结论及财务评价报告等。

7.2.1.4　海洋工程项目组织与管理总体方案

在经历上述各节的策划后,基本已经回答了要不要建、建设什么这两个问题,接下来还应该对如何保证策划目标的实现作出分析。因此,在海洋工程项目决策的策划内容中还包括组织策划、管理策划、合同策划的内容,这三项内容可以归集为海洋工程项目组织与管理总体方案。

（1）组织策划的主要内容

① 分析海洋工程项目组织结构;

② 明确决策期的组织结构;

③ 明确决策期任务分工;

④ 明确决策期管理职能分工;

⑤ 确定决策期工作流程;

⑥ 确定实施期组织总体方案;

⑦ 分析海洋工程项目编码体系。

（2）管理策划的主要内容

① 制订实施期管理总体方案;

② 制订运营期设施管理总体方案;

③ 制订运营期经营管理总体方案。

（3）合同策划的主要内容

① 确定决策期的合同结构;

② 确定决策期的合同内容和文本;

③ 确定实施期合同结构总体方案。

7.2.1.5　技术策划

技术策划是前期决策策划中非常重要的组成部分,对于海洋工程项目而言,技术可行性甚至关乎其能否正常立项。技术策划回答的是能不能建设好的问题,其主要内容包括:

（1）技术方案分析和论证;

（2）关键技术分析和论证;

（3）技术标准、规范的应用和制定。

7.2.1.6　风险策划

风险策划需要分析政治风险、经济风险、技术风险、组织风险和管理风险等。

7.2.2　海洋工程项目实施策划

海洋工程项目实施策划是在海洋工程建设项目立项之后,为了把海洋工程项目决策付诸实施而形成的具有可行性、可操作性和指导性的实施方案。海洋工程项目实施策划又可称为海洋工程项目实施方案或海洋工程项目实施规划（计划）,其基本内容如图7-6所示。

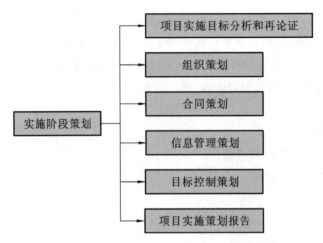

图 7-6　海洋工程项目实施阶段策划的基本内容

7.2.2.1　海洋工程项目实施的目标分析和再论证

海洋工程项目目标的分析和再论证是海洋工程项目实施策划的第二步,第一步是建设期的环境调查与分析(与海洋工程项目决策策划类似)。设计方、施工方或供贷方的海洋工程项目管理目标是海洋工程项目周期中某个阶段的目标或是某个单体海洋工程项目的目标,只有业主方海洋工程项目管理的目标是针对整个海洋工程项目、针对海洋工程项目实施全过程的。所以,在海洋工程项目实施目标控制策划中,只有从业主方的角度出发,才能统筹全局,把握整个海洋工程项目管理的目标和方向。

海洋工程项目目标的分析和再论证需要编制三大目标规划:

(1) 投资目标规划,在海洋工程项目决策策划中的总投资估算基础上编制;

(2) 进度目标规划,在海洋工程项目决策策划中的总进度纲要基础上编制;

(3) 质量目标规划,在海洋工程项目决策策划中的海洋工程项目定义、功能分析与面积分配等基础上编制。

7.2.2.2　海洋工程项目实施的组织策划

海洋工程项目的目标决定了海洋工程项目的组织,组织是目标能否实现的决定性因素。国际和国内许多大型建设项目的经验和教训表明,只有在理顺海洋工程项目参与各方之间、业主方和代表业主利益的海洋工程管理咨询方之间、业主方自身海洋工程管理团队各职能部门之间的组织结构、任务分工和管理职能分工的基础上,整个海洋工程管理系统才能高效运转,海洋工程项目目标才有可能被最优化实现。

海洋工程项目实施的组织策划是指为确保海洋工程项目目标的实现,在海洋工程项目开始实施之前以及海洋工程项目实施前期,针对海洋工程项目的实施阶段,逐步建立一整套海洋工程项目实施期的科学化、规范化的管理模式和方法,即对海洋工程项目参与各方在整个建设海洋工程项目实施过程中的组织结构、任务分工和管理职能分工、工作流程等进行严格定义,为海洋工程项目的实施服务,使之顺利实现海洋工程项目目标。

组织策划是在海洋工程项目决策策划中的海洋工程项目组织与管理总体方案基础上编制的,是组织与管理总体方案的进一步深化。组织策划是海洋工程项目实施策划的核心内容,海洋工程项目实施的组织策划文件是海洋工程项目实施的规范性文件,是海洋工程项目参与各方开展工作必须遵守的指导性文件。组织策划主要包括以下内容:

(1) 组织结构策划;

(2) 任务分工策划;

(3) 管理职能分工策划;

(4) 工作流程策划,可分为投资控制工作流程、进度控制工作流程、质量控制工作流程以及合同与招投标管理工作流程。

7.2.2.3　海洋工程项目实施的合同策划

理顺海洋工程项目参与单位之间的关系,是海洋工程项目实施策划的重要任务之一。海洋工程项目参与方之间的关系,归纳起来最重要的是三大关系:指令关系、合同关系和信息交流关系。组织策划解决指令关系,而合同策划则重点解决合同关系。

海洋工程项目实施的合同策划之所以重要,是因为海洋工程项目的许多工作都需要委托专业人士、专业单位承担,这种委托与被委托关系需要通过合同关系来体现,如果不能很好地管理这些合同关系,海洋工程项目的实施就会受到干扰,并会对海洋工程项目实施的目标产生不利影响。

合同策划的主要内容有:

(1) 合同文本策划;

(2) 方案设计竞赛的组织;

(3) 海洋工程项目管理委托、设计、施工、物资采购的合同结构方案。

7.2.2.4　海洋工程项目实施的信息管理策划

信息管理是指对信息的收集、加工、整理、存储、传递及应用等一系列工作的总称。信息管理的目的是通过有组织的信息流通,使决策者能够及时、准确地获得相应的信息。信息管理策划的重点是确定海洋工程项目参与方之间的信息交流方式,明确其相互之间的信息传递关系。

信息管理策划的主要内容包括:

(1) 海洋工程项目信息分类策划;

(2) 海洋工程项目信息编码体系策划;

(3) 海洋工程项目信息流程策划;

(4) 海洋工程项目信息管理制度策划;

(5) 海洋工程项目信息管理系统策划;

(6) 海洋工程项目信息平台策划。

7.2.2.5　海洋工程项目实施的目标控制策划

海洋工程项目实施的目标控制策划是海洋工程项目实施策划的重要内容。它依据海洋工程项目目标规划,制定海洋工程项目实施中的质量、投资、进度目标控制的方案与实施细则。海洋工程项目目标控制策划应遵循以下四个原则:

(1)从系统的角度出发,全面把握控制目标

对于投资目标、进度目标、质量目标这三者而言,彼此之间是对立统一的关系,有矛盾的一面,也有统一的一面。尽管如此,三个目标仍处于一个系统之中,寓于一个统一体。

鉴于三大目标的系统性,海洋工程项目实施阶段的目标控制策划也应坚持系统的观点,在矛盾中求得统一。既要注意到多方目标控制策划的均衡,又要充分保证各阶段目标控制策划的质量。

(2)明确海洋工程项目目标控制体系的重心

海洋工程项目目标控制体系的均衡并不排除其各个组成部分具有一定的优先次序,出现个别的或一定数量的"重点"目标,形成海洋工程项目目标控制体系的重心。这往往是海洋工程项目决策领导层的明确要求,因此,需要澄清这种优先次序,尽可能地符合海洋工程项目领导层的要求。应该注意,虽然海洋工程项目目标控制体系重心的存在与海洋工程项目目标控制体系整体的均衡之间并没有根本的冲突,但过分地强调会形成不合理的重心,破坏海洋工程项目目标体系的均衡。

(3)采用灵活的控制手法、手段及措施

由于不同目标控制策划在海洋工程项目建设不同时期的内容不同,因此应该有不同的控制方法、灵活的控制手段、多样化的控制措施与之相适应。

(4)主动控制与被动控制相结合

目标控制分为主动控制与被动控制。在海洋工程项目目标控制策划中应考虑将主动控制和被动控制充分结合起来,即进行海洋工程项目实施阶段的目标组合控制策划。

7.2.2.6 海洋工程项目实施策划报告

海洋工程项目实施策划报告是实施策划阶段的工作成果和总结,是对海洋工程项目实施阶段工作的指导和纲领性文件。从形式上看,海洋工程项目实施策划报告有总报告和分报告。总报告的形式有很多种,如海洋工程项目建设管理规划、海洋工程项目建设大纲等;分报告的形式也很多,如管理的工作手册、制度汇编等,或分别形成下列报告:

(1)海洋工程项目实施目标分析和再论证报告;

(2)海洋工程项目实施组织策划报告;

(3)海洋工程项目实施合同策划报告;

(4)海洋工程项目信息管理策划报告;

(5)海洋工程项目目标控制策划报告。

7.2.3 可行性研究

7.2.3.1 海洋工程项目初步可行性研究(海洋工程项目建议书)

初步可行性研究是指在投资机会研究的基础上,进一步对拟建海洋工程项目的必要性、

合理性和方案进行技术经济论证,对海洋工程项目是否可行进行初步判断。其中,对于政府投资的海洋工程项目,投资主管部门需按照基本建设程序要求审批初步可行性研究报告,即海洋工程项目建议书。

初步可行性研究的研究内容与可行性研究的研究内容基本相同,只是在深度上比可行性研究更粗浅一些,其重点是要分析论证海洋工程项目建设的必要性和可能性。初步可行性研究的主要内容如表 7-3 所示。

表 7-3 初步可行性研究的主要内容

内容	简述
海洋工程项目建设的必要性	主要从国家政策、各类规划及措施等宏观层面分析论证海洋工程项目建设的必要性或理由
市场预测分析	初步分析市场的容量及供需现状,选定目标市场,初步预测未来的价格走势及市场风险
建设规模与产品方案	初步研究确定海洋工程项目的建设规模与主要产品方案
场址选择	初步选定海洋工程项目建设的地区,即规划选址,对场址进行初步比选并绘制出相应的示意图
技术、设备与海洋工程方案	初步选择工艺技术方案,研究提出主要设备的初步方案及主要建(构)筑物初步方案(面积、结构、技术要求)
原材料、燃料供应	研究提出主要原材料、燃料的品种、质量、年需要量、来源和运输方式,以及价格现状和未来价格走势
总图运输与公用辅助海洋工程	研究提出海洋工程项目的主要单项海洋工程及主要公用海洋工程的方案,绘制海洋工程项目总平面布置图
环境影响评价	调查海洋工程项目所在地自然、生态、社会等环境条件及环境保护区现状,分析海洋工程项目污染环境的因素及程度,研究提出环境保护初步方案
组织机构与人力资源配置	初步估算海洋工程项目所需人员数量
海洋工程项目实施进度	初步确定海洋工程项目建设工期
投资估算	初步估算海洋工程项目所需的建设投资和投产运营所需的流动资金
融资方案	初步确定海洋工程项目的资本金和债务资金需要的数额和资金来源

续表 7-3

内容	简述
财务评价	初步估算海洋工程项目的收入与成本费用,测算海洋工程项目的财务内部收益率和资本金财务内部收益率,初步计算借款偿还能力
经济评价	初步估算海洋工程项目的国民经济效益和费用,测算经济内部收益率
社会评价	以定性描述为主,对海洋工程项目进行初步社会评价
风险分析	初步识别拟建海洋工程项目的主要风险因素及影响程度

7.2.3.2 海洋工程项目可行性研究

海洋工程项目可行性研究是在已批准的初步可行性研究报告(海洋工程项目建议书)的基础上深入展开的研究。其功能是进一步针对拟建海洋工程项目的必要性、可行性、建设条件、建设方案和建设时序等,从宏观和微观层次进行技术、经济、环境、社会等方面的分析论证,比选优化方案,为最终决策提供依据。

海洋工程项目可行性研究的主要内容如下(结合宁波舟山港项目):

(1) 海洋工程项目建设的必要性

在初步可行性研究的基础上,从微观和宏观两个层次对海洋工程项目建设的必要性进行深入研究论证。

① 微观层次分析:主要从增强企业竞争实力,提高企业经济效益等方面进行研究分析,侧重于海洋工程项目产品和投资效益角度。

② 宏观层次分析:主要从国家及产业政策、各类规划以及合理配置和有效利用资源、保护环境、可持续发展等方面进行研究分析。

(2) 市场预测分析

市场预测分析是海洋工程项目可行性研究的重要环节,通过市场预测分析,了解国内外市场产品供需与价格现状,预测产品未来的供需状况与价格,确定产品的目标市场、主要竞争对手、产品竞争力及优劣势、营销策略、主要市场风险及风险程度。

(3) 建设规模与产品方案

建设规模与产品方案研究是在市场预测分析的基础上,论证比选拟建海洋工程项目的建设规模以及主导产品和辅助产品的组合方案,作为确定海洋工程项目技术方案、设备方案、海洋工程方案、原材料供应方案及资金投入方案等的依据。通过论证比选,推荐拟建海洋工程项目的建设规模、主产品和副产品组合方案。

宁波舟山港主通道(鱼山石化疏港公路)公路工程主线起于富翅互通,跨越富翅门水道,在岑港镇涨次村南侧设置岑港互通,路线向北延伸,在马目山入海后转向东北,依次跨越长白西航道、舟山中部港域西航道和岱山南航道,在岱山双合登陆。海中设置长白互通,连接长白岛。路线终点设置双合互通,近期与本项目鱼山支线、规划的岱山环岛公路连接,远期与上海至大洋山规划通道衔接。全线设置隧道两座,互通立交五处,其中长白互通为海上互通;双合互通为临时互通。主线起点桩号 K0+000,在入海处设置短链(K11+309.031=K12+000,短链长 690.969m),终点桩号 K28+660,主线全长 27.969km,跨海桥梁长度 17.355km。

宁波舟山港主通道(鱼山石化疏港公路)公路工程主桥为三塔整幅钢箱梁斜拉桥,跨径布置为(78+187+550+550+187+78)m=1630m,边中跨比 0.482,边跨设辅助墩。钢箱梁顶板设 2‰横坡。斜拉索采用双索面空间索布置,梁端标准索间距为 16.0m,边跨靠近尾索区间距为 12m。

(4)场址选择

可行性研究阶段的场址选择,是在初步可行性研究规划选址已确定的建设地区和地点范围内,进行具体坐落位置选择,习惯上称海洋工程选址。

通过建址条件分析和场址比选,充分考虑海洋工程项目选址是否会造成相关不利影响,确定海洋工程项目建设地点、影响海域面积、海洋主体功能区规划与海洋生态红线制度等内容,并绘制出场址地理位置图。

(5)技术、设备与海洋工程方案

技术、设备与海洋工程方案构成海洋工程项目的技术主体,体现海洋工程项目的技术和生产力水平,也是决定海洋工程项目是否经济合理的重要条件。

通过多方案比选和主要设备选型比较,确定主体和辅助工艺流程、物料消耗定额,列出主要设备清单、采购方式、报价,确定主要建(构)筑物的特征、结构、基础、设防烈度、建筑形式,估算出海洋工程量和"三材"用量。

(6)原材料、燃料供应

在前述各方案的基础上,应对海洋工程项目所需的原材料、辅助材料和燃料的品种、规格、成分、数量、价格、来源以及供应方式等进行研究论证,以确保海洋工程项目建成后可正常生产运营,并为核算生产运营成本提供依据。

宁波舟山港主通道(鱼山石化疏港公路)公路工程主要材料如下:

① 水泥:经实地考察,海洋工程项目周边水泥资源丰富,主要有象山海螺水泥有限责任公司、宁海强蛟海螺水泥有限公司、宁波海螺水泥有限公司等厂家,均可水运至桥位处。

② 石料:海洋工程项目周边采石场资源相对丰富,大型采石场主要有金塘舟利石料有限公司、宁波春晓东江轧石场、宁波创立石材厂等厂家,均可采用海运至海上混凝土拌合站。

③ 砂:海洋工程项目周边无可利用中粗砂资源,需采购长江中上游赣江或鄱阳湖产中粗砂,通过船运至海上拌合站。

④ 钢材:可从宁波、杭州、上海等市场采购,也可从各钢厂直接采购,均具备水运条件。

(7)总图运输与公用辅助海洋工程

通过多方案比选,列出主要单项海洋工程,确定平面和竖向布置方案,绘制总平面布置图;确定海陆、海上运输量及运输方式;确定给排水、供电、供热、通信等公用辅助海洋工程方案。

宁波舟山港主通道(鱼山石化疏港公路)公路工程区域路网纵横交错、四通八达,公路有甬台温高速公路、104国道和各乡镇道路等。外购材料及地方材料均可就近上路,运输便利。主通航孔桥施工受岱山岛无人机场航空限高影响。

(8)环境影响评价

环境影响评价是在场址和技术方案选择过程中,调查研究环境条件,识别和分析拟建海洋工程项目影响环境的因素,研究提出治理和保护环境的措施,通过比选和优化,提出环境保护方案。

宁波舟山港主通道(鱼山石化疏港公路)公路工程环保目标:不破坏景观,不破坏生态;不造成水质污染,不造成空气污染,不造成噪声污染,不造成光污染;打造一条安全耐久、舒适环保、服务优质、安静美丽的绿色高速通道。

(9)节能方案分析

节能方案分析主要包括海洋工程项目应遵循的合理用能标准及节能设计规范,海洋工程建设项目能源消耗种类和数量分析,海洋工程项目所在地能源供应状况分析,能耗指标、节能措施和节能效果分析等。

(10)劳动安全卫生与消防

劳动安全卫生与消防研究是在已确定的技术方案和海洋工程方案的基础上,分析论证在建设和生产过程中对劳动者和财产可能产生的不安全因素(如工伤、职业病、火灾隐患等),并提出相应的防范措施。

(11)组织机构与人力资源配置

合理、科学地确定海洋工程项目组织机构和人力资源配置是保证海洋工程项目建设和生产运营顺利进行,提高劳动效率的重要条件。在可行性研究阶段,应对海洋工程项目的组织机构设置、人力资源配置、员工培训等内容进行研究、比选,提出相应的优化方案。

宁波舟山港主通道(鱼山石化疏港公路)公路工程为优质高效地完成本标段施工任务,对进场的资源进行统一管理、统一指挥、统一调动,实行三级管理。

① 决策层

成立中交路建宁波舟山港主通道(鱼山石化疏港公路)公路工程第DSSG03标段海洋工程项目领导小组,由公司主管领导和相关职能部门负责人组成,为常设最高协调决策机构,负责对海洋工程项目实施中的重大问题进行决策。同时结合本公司自身综合实力、技术专长及具体的施工特点,成立专家顾问组对本工程进行把关。公司总部在海洋工程项目领导小组和专家顾问组的配合下,授权海洋工程项目经理具体负责海洋工程项目组织实施。

② 管理层

施工现场组建宁波舟山港主通道(鱼山石化疏港公路)公路工程第DSSG03标段海洋工程项目经理部作为海洋工程项目管理层,共设11个部门,选择具有丰富类似工程施工经验并具有各专业专长的人员加入。

（12）海洋工程项目实施进度

海洋工程项目建设方案确定后,应研究提出海洋工程项目的建设工期和实施进度方案,科学组织建设过程中各阶段的工作,以便根据海洋工程进度安排建设资金,保证海洋工程项目按期建成投产,发挥投资效益。

（13）投资估算

投资估算是在对海洋工程项目的建设规模、技术方案、设备方案、海洋工程方案及海洋工程项目实施进度等进行研究并基本确定的基础上,详细估算海洋工程项目的海洋工程费、设备及工器具购置费、海洋工程安装费、其他海洋工程建设费用、基本预备费、涨价预备费和建设期利息等,估算海洋工程项目运营期间所需的流动资金,并测算建设期内分年资金需要量。投资估算是制订融资方案、进行经济评价以及编制初步设计概算的依据。

（14）融资方案

融资方案是在投资估算的基础上,研究拟建海洋工程项目的资金渠道、融资形式、融资结构、融资成本、融资风险,通过比选分析,提出海洋工程项目的融资方案。

（15）财务评价

财务评价是在国家现行财税制度和市场价格体系下,分析预测海洋工程项目的财务效益与费用,计算财务评价指标,考察拟建海洋工程项目的赢利能力、偿债能力,以判断海洋工程项目的财务可行性。

（16）经济评价

经济评价是从资源合理配置的角度,分析投资海洋工程项目所耗费的社会资源和对社会的贡献,评价投资海洋工程项目的合理性,其主要评价指标包括经济净现值、经济内部收益率、经济效益费用比等。

（17）社会评价

社会评价是分析拟建海洋工程项目对当地社会的影响以及当地社会条件对海洋工程项目的适应性和可接受程度,以评价海洋工程项目的社会可行性。研究内容主要包括海洋工程项目的社会影响分析、海洋工程项目与所在地区的互适性分析和社会风险分析。

（18）风险分析

风险分析是在市场预测、技术方案、海洋工程方案、融资方案和社会评价论证中已进行的初步风险分析的基础上,进一步综合分析、识别拟建海洋工程项目在建设和生产运营过程中潜在的主要风险因素,揭示风险来源,判别风险程度,提出规避风险的对策,降低风险损失。

7.2.3.3 可行性研究与初步可行性研究的关系

总体而言,可行性研究是初步可行性研究的延伸和深化,但与初步可行性研究相比,可行性研究的论证重点和研究深度是不同的。

从研究目的与作用看,初步可行性研究是政府投资海洋工程项目立项和企业内部策划初步决定投资建设意向的重要依据;可行性研究报告(海洋工程项目申请报告)是海洋工程项目审批决策的依据。

从论证的重点看,初步可行性研究主要是从宏观角度研究海洋工程项目建设的必要性和可能性;可行性研究是从宏观到微观进行全面的技术经济分析,论证海洋工程项目的必要性和可行性。

从研究方法和深度要求看,初步可行性研究主要采用近年同行业类似海洋工程项目及其生产水平的类比方法,匡算海洋工程项目总投资,初步分析海洋工程项目经济效益;可行性研究需要详细论证海洋工程项目的海洋工程技术方案,估算海洋工程项目总投资,开展财务评价和经济分析。

【小结】

本章主要介绍了海洋工程项目策划的基本概念和类型,明确了海洋工程项目的主要任务。从海洋工程项目决策策划和海洋工程项目实施策划两个方面介绍了海洋工程项目策划的工作内容及过程。最后介绍了可行性研究的具体内容。

海洋工程项目策划是海洋工程项目管理的重要组成部分,其工作成果能够使海洋工程项目的决策和实施有据可依,有效的海洋工程项目策划对海洋工程项目目标的实现有着决定性的作用。

【关键术语】

策划(planning):组织结构为了达到一定的目的,在充分调查市场环境及相关联的环境的基础之上,遵循一定的方法或者规则,对未来即将发生的事情进行系统、周密、科学的预测并制订科学的具有可行性的方案。

定性预测(qualitative forecasts):预测者依靠熟悉业务知识、具有丰富经验和综合分析能力的人员与专家,根据已掌握的历史资料和直观材料,运用个人的经验和分析判断能力,对事物的未来发展做出性质和程度上的判断,然后,再通过一定形式综合各方面的意见,作为预测未来的主要依据。

定量预测(quantitative prediction):使用历史数据或因素变量来预测需求的数学模型,是根据已掌握的比较完备的历史统计数据,运用一定的数学方法进行科学的加工整理,借以揭示有关变量之间的规律性联系,用于推测未来发展变化情况的一类预测方法。

可行性研究(feasibility study):在建设海洋工程项目投资决策前对有关建设方案、技术方案或生产经营方案进行的技术经济论证。

【讨论与案例分析】

【案例 7-1】 长株潭环线株洲段高速公路项目可行性分析实例

长株潭环线高速公路是《湖南省高速公路网规划》中的一条地方高速公路,是长株潭城市群的南环高速公路,与平汝高速公路长株段共同组成长株潭城市群的环线高速公路。长株潭环线株洲段高速公路项目位于湖南省株洲市及湘潭市境内,起于醴潭主线收费站西,向西经醴陵市,终点为仙霞枢纽互通,与京港澳高速公路相交,如图 7-7 所示,全长 61.12km。

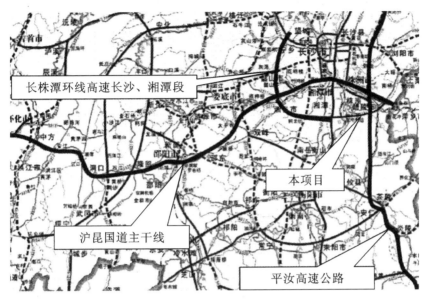

图 7-7 长株潭环线株洲段高速公路项目地理位置图

项目建成后可以完善长株潭核心区外围环形交通联系,强化过境通道,加快形成长株潭城市群半小时经济圈,对于完善湖南省高速公路,加强湖南省与长三角、云南、贵州的经济联系具有重要意义。本案例节选了该项目可行性分析中的项目必要性分析(定性分析与交通预测量)与技术可行性分析(技术方案与路线方案比选),具体情况如表 7-4、表 7-5 和表 7-6 所示。

表 7-4 项目必要性定性分析

序号	分析与研究结果
1	完善沪昆高速公路网,强化长株潭城市群对外和过境通道
2	分担沪昆高速过境株潭的交通量,满足本区域巨大客流量的东西向通行需求
3	改善相关道路的行车条件,保障区域交通安全

表 7-5 项目交通预测量对比表(单位:pcu/d)

相关道路	特征年	2017 年	2020 年	2025 年	2030 年	2036 年	2046 年
有项目	醴潭高速	11248	14675	22405	30708	40922	53752
	潭邵高速	14090	18379	28048	38430	51199	67227
	320 国道 醴陵至湘潭段	7802	10078	15142	20504	27024	34755

续表 7-5

相关道路 特征年		2017 年	2020 年	2025 年	2030 年	2036 年	2046 年
无项目	醴潭高速	16300	21267	32469	44501	59304	77897
	潭邵高速	24350	31762	48472	66414	88480	116179
	320 国道醴陵至湘潭段	12089	15616	23462	31771	41873	53852

表 7-6 技术可行性分析

类别	项目	指标
主要技术标准	公路等级	四车道高速公路
	设计速度	100km/h
	路基宽度	24.5m
	停车视距	160m
	平曲线极限最小半径	400m
	平曲线一般最小半径	700m
	最大纵坡	4%
	最小坡长	250m
	路基设计洪水频率	1/100
	桥涵荷载等级	公路—Ⅰ级
	特大桥设计洪水频率	1/300
	大、中桥设计洪水频率	1/100
	小桥及涵洞设计洪水频率	1/100
路线方案	起点	醴潭高速 K5＋900
	终点	三门镇泉塘冲
	主要控制点	醴陵市
	路线里程	46.77 km
	工程造价	25.89 亿元

8　海洋工程项目融资管理

【本章核心概念及定义】

1. 海洋工程项目融资的基本概念；
2. 海洋工程项目融资的方式。

海洋工程项目的建设是通过投资和建设方的一系列建设管理活动，即各参与方的勘察设计和施工等活动，以及其他有关部门的经济和管理等活动来实现的。其中，海洋工程建设项目的投融资是最为核心的问题之一，直接关乎海洋工程项目能否正常进行及建设质量，也关系到海洋工程项目参与各方的切身利益。海洋工程项目投融资是国际金融的一个分支，目前已发展成为一种有效的投、筹资手段，日趋成熟。不同于传统的投融资手段，海洋工程项目投融资具有"海洋工程项目导向"和"风险分担"的特点，投资者着眼于控制并影响整个海洋工程项目运行的全过程，并可以根据不同海洋工程项目的不同点设计出多样的融资结构，满足投资者不同的需要，使在传统的融资条件下无法获得的贷款资金通过投融资的手段进行开发。海洋工程项目投融资主要包括海洋工程项目投资及海洋工程项目融资两类。

8.1　海洋工程项目融资管理

8.1.1　金融

金融(finance)可概括为货币的发行与回笼，存款的吸收与付出，贷款的发放与回收，金银、外汇的买卖，有价证券的发行与转让，保险，信托，国内、国际的货币结算等。

从事金融活动的机构主要有银行、信托投资公司、保险公司、证券公司、投资基金公司，还有信用合作社、财务公司、金融资产管理公司、邮政储蓄机构、金融租赁公司以及证券、金银、外汇交易所等。

金融是信用货币出现以后形成的一个经济范畴，它和信用是两个不同的概念：

(1) 金融不包括实物借贷而专指货币资金的融通(狭义金融)，人们除了通过借贷货币融通资金之外，还以发行股票的方式来融通资金。

(2) 信用指一切货币的借贷，金融(狭义)专指信用货币的融通。人们之所以要在"信用"之外创造一个新的概念来专指信用货币的融通，是为了概括一种新的经济现象：信用与货币流通这两个经济过程已紧密地结合在一起。最能表明金融特征的是可以创造和消减货币的银行信用，银行信用被认为是金融的核心。

8.1.2　海洋工程项目融资的目标、主体及程序

海洋工程项目融资是指在海洋工程项目建设总投资估算的基础上,构造建设投资和流动资金的来源渠道及筹措方案,包括融资结构、融资成本和融资风险分析,并对海洋工程项目投融资方案进行优化。海洋工程项目融资主体是进行海洋工程项目融资活动的经济实体。海洋工程项目融资的方式可分为传统方式与特许海洋工程项目经营方式。

8.1.2.1　海洋工程项目融资的目标

海洋工程项目融资的目标是要在足额融资的过程中,降低融资成本、提高投资者收益以及减少企业或海洋工程项目风险,具体如下:

（1）降低融资成本

海洋工程项目融资方案应在保证融资风险可接受的前提下,尽可能降低融资成本,包括债务利息、融资手续费、承诺费、担保费等。

（2）提高投资者收益

债务资金的利息可以为企业或海洋工程项目带来减税的好处,负债具有财务杠杆效应,适当的负债可以提高投资者的收益。通过恰当的权益资金与负债资金的配比,可以使投资者获得较高的收益,同时使负债资金的成本处于较低的水平。

（3）减少融资风险

构造海洋工程项目融资方案时,应尽可能减少风险,使融资风险在可接受的范围之内。这里的风险因素包括资金来源的可靠性、利率变动风险、汇率风险以及还本付息风险等。

8.1.2.2　海洋工程项目融资的主体及程序

海洋工程项目的融资主体是指进行海洋工程项目融资活动并承担融资责任和风险的海洋工程项目法人单位。海洋工程项目融资主体的组织形式主要分为既有法人和新设法人。既有法人是指已经存在的海洋工程项目法人单位。新设法人是指为海洋工程项目融资而新近设立的海洋工程项目法人单位。

为了实现海洋工程项目融资方案的目标,需要按照适当的程序制订并优化融资方案,这一程序至少应包括五个步骤,即了解资金需求量及其时间安排、确定融资主体及融资方式、选择资金来源渠道、进行融资方案分析以及编制资金使用与筹措计划。

（1）了解资金需求量及其时间安排

融资方案的起点是投资估算中确定的海洋工程项目总投资,包括海洋工程项目建设投资、建设期利息和流动资金投资以及这些资金的使用计划,也就是海洋工程项目的总资金需求及其时间安排。

（2）确定融资主体及融资方式

海洋工程项目的融资主体可以是既有法人,也可以是新设法人,具体确定时应考虑多种因素,如海洋工程项目及行业特点、海洋工程项目与既有法人资产及经营活动的联系、既有法人的财务状况、海洋工程项目的赢利能力等。确定了海洋工程项目的融资主体,也就相应地确定了海洋工程项目融资方式。

（3）选择资金来源渠道

海洋工程项目的资金来源渠道主要分为权益资金和负债资金两种,两者各有不同的形式与特点。在制订海洋工程项目融资方案的过程中,应对各种资金来源的特点和成本有系统性的了解,以确保获得成本相对较低和条件较适合海洋工程项目运营特点的资金来源。

（4）进行融资方案分析

适当的权益资金与债务资金的配比,可以使企业或海洋工程项目以较低的负债资金成本,为投资者带来较高的收益。这有赖于在选择资金来源渠道的过程中,对不同资金来源的配比进行结构分析和成本分析。

（5）编制资金使用与筹措计划

根据融资分析确定的融资方案,采取规范的形式或格式,编制资金使用与筹措计划,将与资金需求量及其时间安排相对应的资金来源加以列示。

8.1.3　海洋工程项目融资的传统方式

出于不同的角度,海洋工程项目的融资方式有各种划分。根据融资主体的不同,海洋工程项目的融资方式可分为既有法人融资与新设法人融资方式。根据是否借助于金融中介,海洋工程项目融资可分为直接融资与间接融资方式。根据担保来源的不同,海洋工程项目融资可分为企业融资与海洋工程项目融资方式。根据资金来源的不同,海洋工程项目融资可分为内部融资与外部融资方式。

（1）既有法人融资与新设法人融资方式

① 既有法人融资

既有法人融资方式又称企业融资或企业信用融资,指的是以现有法人作为海洋工程项目法人开展的海洋工程项目融资活动。其特点为:由既有法人发起海洋工程项目、组织融资活动并承担融资责任和风险;建设海洋工程项目所需的资金,来源于既有法人内部融资、新增资本金和新增债务资金;新增债务资金依靠既有法人整体(包括拟建海洋工程项目)的盈利能力来偿还;以既有法人整体的资产和信用作为债务担保。

② 新设法人融资

新设法人融资方式是以新组建的具有独立法人资格的海洋工程项目公司为融资主体的融资方式。其特点为:海洋工程项目投资由新设法人筹集;由新设法人承担海洋工程项目融资责任和风险;从海洋工程项目投产后的经济效益情况来考察融资后的偿债能力。

（2）直接融资与间接融资方式

① 直接融资

直接融资是指没有金融机构作为中介的融资方式。通过这种方式融资,需要融入资金的单位与融出资金的单位双方通过直接协议后进行货币资金的转移。

直接融资的主要金融工具是股票和债券。其特点是流动性较高,直接性、分散性、信誉差异性较大,可以直接吸收社会游资用以投资企业的生产经营活动,风险由投资人直接承担。

② 间接融资

间接融资是指拥有暂时闲置资金的单位通过存款的形式,或者通过购买银行、信托及保险等金融机构发行的有价证券的形式,将其闲置的资金通过金融中介机构以贷款、贴现等形式,将资金提供给急需资金的单位,从而实现资金融通的方式。

间接融资的最主要特征是资金融通是通过金融中介机构进行的,其特点是间接性、相对集中性、融资的主动权主要掌握在金融中介手中、贷款条件高、融资风险大、融资成本刚性化、资金使用受限制。

（3）企业融资与海洋工程项目融资方式

① 企业融资

企业融资是指企业以自己的资产、权益和预期收益为基础,筹集海洋工程项目建设、营运所需资金的融资方式,它的融资主体是已存在的企业。在这种方式下,企业从自身生产经营现状及资金运用情况出发,根据企业未来经营与发展的需要,通过一定的渠道和方式,利用内部积累或向企业的投资者及债权人筹集生产经营所需的资金。企业融资一般是非金融企业解决长期资金来源问题的主要融资方式。

② 海洋工程项目融资

海洋工程项目融资是指贷款人向特定的海洋工程项目提供贷款协议融资,对于该海洋工程项目所产生的现金流量享有求偿权,并以该海洋工程项目资产作为附属担保的融资方式,即以海洋工程项目的未来收益和资产作为偿还贷款的资金来源和安全保障的融资方式,它的融资主体是要成立的海洋工程项目公司。

（4）内部融资与外部融资

① 内部融资

内部融资是指企业依靠自己内部产生的现金流量来满足生产经营以及投资活动的新增资金需求的融资方式。内部融资主要以企业留存的税后利润和计提折旧所形成的资金作为资金来源。

② 外部融资

外部融资是指从企业外部获得资金的融资方式,具体包括上述的直接融资和间接融资两类方式。外部融资的具体方式,按照融资中产权关系的不同,可分为权益融资(或股权融资)和债务融资。权益资金无须还本付息,被视为企业的永久性资本。而债务资金必须定期还本付息,它是企业财务风险的主要根源之一。

8.1.4　特许经营海洋工程项目融资

特许经营海洋工程项目融资是近年来不断兴起的一种新型融资方式,是适用于基础设施、公用事业和自然资源开发等大中型海洋工程项目的重要筹资手段。在海洋工程项目投资中,投资方一般为政府部门,而政府的财政能力是有限的,特许经营海洋工程项目融资为政府投资的海洋工程项目提供了一种融资的新思路,即政府与社会资本合作共同进行海洋工程项目融资。

特许经营海洋工程项目融资作为当前海洋工程项目融资的主要方式,越来越受到业界的重视。

8.1.4.1 特许经营海洋工程项目融资的概念

特许经营海洋工程项目融资兴起于 20 世纪 80 年代,最早应用于土耳其的公共基础设施开发,经过多年的发展与完善,已经逐渐成为主流的融资方式之一。

特许经营海洋工程项目融资的本质是通过海洋工程项目来融资。因为狭义的海洋工程项目融资最适用于基础设施、公用事业或自然资源开发等海洋工程项目,而这些海洋工程项目往往都需要政府的特许授权,因此,狭义的海洋工程项目融资常常被称为"特许经营海洋工程项目融资"。我们可以从表 8-1 中看出其与传统融资方式的比较。

表 8-1　特许经营海洋工程项目融资与传统融资/企业融资的比较

要素	特许经营海洋工程项目融资	传统融资/企业融资
融资基础	海洋工程项目的收益/现金流量(债权人最关注海洋工程项目收益)	债务人/发起人的资产和信用
追索程度	有限追索(特定阶段或范围内)或无追索(现实中很难实现)	完全追索(用抵押资产以外的其他资产偿还债务)
风险分担	所有参与者	集中于发起人/债权人/担保者
资本金和贷款比例(本贷比)	发起人出资比例较低(通常小于 30%),杠杆比率高	发起人出资比例较高,通常为 30%~40%
会计处理	资产负债表外融资,债务不出现在发起人(母公司)的资产负债表上,仅出现在海洋工程项目公司(子公司)的资产负债表上	海洋工程项目债务是发起人债务的一部分,出现在其资产负债表上,即合并财务报表

在海洋工程项目融资过程中,为了保证资金的回流,通常都会设置追索程序。追索程序可分为完全追索和有限追索。狭义地说,传统的企业融资是指银行具有要求总公司用其所有的现金流和资产来偿还所有贷款的法律权力,即完全追索。有限追索的贷款责任是由海洋工程项目公司担负的,银行没有权力对整个总公司或它拥有的其他资产来要求赔偿。通过表 8-1 中的对比,我们可以得出传统融资方式均为完全追索,而特许经营海洋工程项目融资则是有限追索。传统融资的优点是融资过程简单,但由于有完全追索的存在,很容易因为某个海洋工程项目的失败而导致整个公司受到牵连。特许经营海洋工程项目的融资过程复杂,且总公司对海洋工程项目公司没有全部的控制权(取决于所占股份大小);此外,若海洋工程项目成功,其所得利润将按海洋工程项目公司中各股东所占股份分配,不能全部归总公司所有,但是这种融资方式可以有效减少海洋工程项目对整个公司带来的风险,海洋工程项目公司本身具有一定的独立性,总公司对海洋工程项目的担保是有限的,从而避免了海洋工程项目失败时拖累总公司。

8.1.4.2 特许经营海洋工程项目融资的主要内容

特许经营海洋工程项目融资是政府授权外商或民营机构从事某些原本由政府负责的海洋工程项目建造和运作的一种长期(海洋工程项目全生命周期)合作关系。海洋工程项目对民营机构的补偿是通过授权民营机构在规定的特许期内向海洋工程项目的使用者收取费用,由此回收海洋工程项目的投资、经营和维护等成本,并获得合理的回报,特许期满后海洋工程项目将移交给政府(也有不移交的,如 BOO)。其主要模式可分为 BOT 模式、PPP 模式、TOT 模式、PFI 模式及 ABS 模式。

(1) BOT 模式

BOT 是英文 build-operate-transfer 的缩写,翻译成中文即建造—经营—移交。BOT 模式是 20 世纪 80 年代在国外兴起的一种依靠国外私人资本来进行基础设施建设的融资和建造的海洋工程项目管理模式。BOT 模式一般是由一国财团或投资人作为发起人,从一个国家的政府获得某海洋工程项目的建设和运营特许权,然后由其组建海洋工程项目公司负责海洋工程项目的融资、计划、建造和运营,整个特许期内海洋工程项目公司通过海洋工程项目的运营获得利润。特许期满后海洋工程项目公司将整个项目无偿或以象征性的价格移交给东道国政府。

许多国家和地区,特别是发展中国家和地区在一些海洋工程项目上尝试采用 BOT 模式,以解决本国基础设施建设资金不足的问题。如菲律宾和巴基斯坦的电厂海洋工程项目,英法海底隧道和澳大利亚的悉尼隧道等都采用了 BOT 模式。我国的深圳沙头角 B 电厂、广西来宾电厂、湖南君山大桥和成都水处理厂等海洋工程项目也开展了 BOT 模式的试点。

BOT 的实质是一种与股权相混合产权,它是由海洋工程项目构成的有关单位组成的财团所成立的一个股份组织,对海洋工程项目的设计、咨询、供货和施工实行一揽子总承包。

BOT 共有三种最基本的模式:

① BOT(build-operate-transfer,建造—经营—转让)。这是最经典的 BOT 形式。此模式下海洋工程项目公司没有海洋工程项目的所有权,只有建设和经营权。

② BOOT(build-own-operate-transfer,建造—拥有—经营—转让)。与基本的 BOT 不同的是,在 BOOT 模式中强调:在海洋工程项目财产权属关系上,海洋工程项目设施建成后归海洋工程项目公司所有。海洋工程项目公司既有经营权又有所有权,政府允许海洋工程项目公司为了融资的目的,在一定条件(时间、范围等)下将海洋工程项目资产抵押给银行,以获得更优惠的贷款条件,从而使海洋工程项目的产品或服务价格降低,但特许期一般比基本的 BOT 稍长。

③ BOO(build-own-operate,建造—拥有—经营)。与前两种形式主要不同之处在于海洋工程项目公司不必将海洋工程项目移交给政府(即为永久私有化),目的主要是鼓励海洋工程项目公司从海洋工程项目全生命周期的角度合理建设和经营设施,提高海洋工程项目产品/服务的质量,追求全生命周期的总成本降低和效率的提高,使海洋工程项目的产品或服务价格更低。

(2) PPP 模式

PPP 模式,即 public-private partnership(公私合伙/合营),是指公共部门和私人企业合作模式。广义的 PPP 泛指公共部门与私营部门为提供公共产品或服务而建立的合作关系,而狭义的 PPP 可以理解为特许经营海洋工程项目融资中一系列融资方式的总称,狭义的 PPP 更加强调政府在海洋工程项目中的所有权,以及与企业合作过程中的风险分担和利益共享。

PPP 模式的本质是公共部门和私营部门为基础设施的建设和管理而达成的长期合同关系,公共部门由传统方式下公共设施和服务的提供者变为监督者和合作者,它强调的是优势的互补、风险的分担和利益的共享。

PPP 模式可以使参与公共基础设施建设和管理的私人企业在海洋工程项目的前期就参与进来,有利于利用私人企业先进的技术和管理经验,有利于控制海洋工程项目的建设和运营成本。PPP 和 BOT 有相同之处,但这两种模式的主要差别,主要体现在公共部门和私营部门之间的合作关系,如图 8-1 所示。

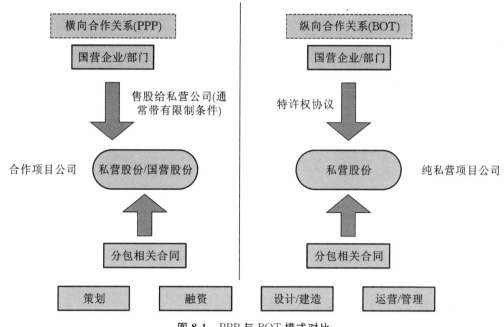

图 8-1 PPP 与 BOT 模式对比

值得注意的是,并不存在一个可以适用于所有或者大多数 PPP 项目的最佳固定模式。每个 PPP 项目都应该根据自身特点和参与者的管理、技术、资金实力,对所采用的 PPP 模式进行优化调整,以争取获得更大的资金价值。在基础设施海洋工程项目中选择 PPP 模式应遵循的主要原则是发挥政府和企业的各自优势,私营企业无法完成或无意向完成的事情应由政府来处理,其余由私营机构承担,但政府要监管(主要是价格、质量、服务)、要合理分担海洋工程项目风险和收益,而且,这种监管是以统一的法规和政策(如公司法、环保法、劳动法等)来进行的,并不因融资模式不同而有原则性的区别。

(3)TOT 模式

TOT 模式,即 transfer-operate-transfer(移交—经营—转让),指的是通过出售已经运营的海洋工程项目在一定时间内的经营权,以海洋工程项目未来现金流量作为保证,从投资方一次性筹集一笔资金,用于建设新海洋工程项目,当原海洋工程项目经营期满时,再将海洋工程项目移交回筹资方。与 BOT 模式相比,TOT 模式是依赖已经获得特许经营权并建成投入的海洋工程项目来获取其一定时期内的未来收益,不涉及银行等金融机构,降低了筹资难度。同时,TOT 模式只涉及在特定时间内已建海洋工程项目经营权的转移,而不会产生产权、股权等问题。运用 TOT 模式时应注意的问题有以下几点:

① 注意新建海洋工程项目的效益

采用 TOT 模式,虽然避免了 BOT 模式下的一些控制权问题,但是正由于此模式回避了公共海洋工程项目社会化参与的问题,在运营中可能会继续出现以往政府或国企垄断公共海洋工程项目建设时可能存在的弊端。因此,采用 TOT 融资模式时,需要有良好的政府公共海洋工程项目投资管理体制和机制相配合,以提高海洋工程项目的投资效益和综合效果。

② 注意转让基础设施的价格问题

a.由于受让方接受的是已建基础设施,已经不存在建设时期和试运行时期的风险,这些风险是由转让方来承担的。因此,经营权的转让价应相应提高,以作为对转让方承担风险的补偿。

b. 由于 TOT 模式的海洋工程项目多为基础设施海洋工程项目,价格走势会对社会经济造成较大影响。因此,海洋工程项目产品价格应按国内标准合理制定,要与社会经济承受能力相适应。

③ 加强国有资产评估

受让方买断某项资产的全部或部分经营权时,必须进行资产评估。转让资产如果估价过低,会造成国有资产流失;估价过高则可能影响受让方的投资积极性和热情。因此,要正确、合理地评估转让资产的价格。

④ 应明确规定转移经营权海洋工程项目的维修改造

为防止受让方不合理或过度使用所涉海洋工程项目的资产,应就海洋工程项目的技术改造、设备的维修保养和更新对受让方做出明确的规定。

(4) ABS 模式

ABS 模式,即 asset-backed/based securitization(资产支持证券化),是指将缺乏流动性但能产生可预见的、稳定的现金流量的资产归集起来,通过一定的安排,对资产中的风险与收益要素进行分离与重组,进而转换为在金融市场上可以出售和流通的证券的过程。

ABS 模式的主要思路是通过海洋工程项目收益资产证券化来为海洋工程项目融资,即以海洋工程项目所拥有的资产为基础,以海洋工程项目资产可以带来的预期收益为保证,通过在资本市场发行债券来募集资金的一种证券化融资方式。ABS 模式不同于一般的债券筹资,它通过信用增级方式,使得没有获得信用等级或信用等级较低的机构,同样可以进入高等级投资证券市场并通过资产证券化来募集资金,降低债券成本。同时,因为 ABS 模式是以一定资产的未来收益为担保,所以海洋工程项目筹资者只承担有限责任,而不会追索到海洋工程项目主办人的其他资产。

ABS 模式的运作过程分为以下几个主要阶段:

① 组建 SPV

海洋工程项目主办人需要组建一个特别用途的公司 SPV(special purpose vehicle)或 SPS。该公司可以是一个信托投资公司、信用担保公司、投资保险公司或其他独立法人。

② 利用信用增级手段使资产获得预期的信用等级

SPV 寻找权威的资信评估机构,通过专业化的信用担保等方式,得到尽可能高的信用等级。信用增级的渠道有利用信用证、开设现金担保账户、直接进行金融担保等。

③ 转移海洋工程项目收益

海洋工程项目主办人将海洋工程项目的筹资、建设、管理等权力转移给 SPV,由 SPV 承担经营和财务风险。

④ 发行债券

SPV 直接在资本市场上发行债券募集资金,或者 SPV 通过信用担保,由其他机构组织债券发行,并将通过发行债券筹集的资金用于海洋工程项目建设。由于 SPV 一般均获得较高的信用等级(AA 级或 AAA 级),可以进入较高等级的投资证券市场,以吸引更多的投资者,从而提供较低债券利率,降低融资成本。

⑤ 还本付息

SPV 应根据债券约定,定期还本付息。

⑥ 转回担保资产

当特许期满后,SPV 无偿转让担保资产,海洋工程项目主办人获得海洋工程项目所有权。

(5) PFI 模式

PFI 模式,即 private finance initiative(私营主动融资),是指由私营企业自主进行海洋工程项目的投资建设与运营管理,并通过政府出资购买其产品与服务或者以授予收费特权的方式收回成本。与 PPP 模式相比,PFI 模式更强调的是私营企业在融资中的主动性和主导性。

PFI 模式起源于英国,是继 BOT 模式之后又一优化和创新的公共项目融资模式。采用这种模式时,政府部门发起海洋工程项目,由财团进行海洋工程项目建设与运营,并按事先的规定提供所需的服务,政府采用 PFI 模式的目的在于获得有效的服务,而并非拥有最终的基础设施的所有权。在 PFI 模式下,公共部门在合同期限内因使用承包商提供的设施而向其付款,在合同结束时,有关资产的所有权或留给承包商,或交回公共部门,取决于原合同规定。

因此可以看出,BOT 模式和 PFI 模式的区别如下:

① 本质的不同

本质的不同在于政府着眼点的不同:BOT 模式旨在公共设施的最终拥有,而 PFI 模式在于公共服务的私营提供。

② 适用范围不同

BOT 模式主要应用于基础设施领域,PFI 模式的应用则更为多样化。

③ 运作程序和方式的不同

a.公共部门采购者与海洋工程项目公司之间的合同类型不同:BOT 项目中是特许权合同,PFI 项目中是服务合同;

b.PFI 模式中采用的是服务合同,因此海洋工程项目中一般会对设备管理和维护的供应商提出特别的要求;

c.PFI 项目中,一般会存在信用评级和增级公司对海洋工程项目公司发行的债券提供信用保证。

④ 承担风险不同

BOT 模式不承担设计风险,并且经常约定最低投资回报率,而且在 BOT 模式中,一般都需要政府对最低收益等作出实质性担保;而 PFI 模式相应来说没有这种保证。

⑤ 主体不同

国内实践中,BOT 模式的海洋工程项目主体多为外商直接投资,PFI 模式主要集中于国内民间资本。

(6) BOT 模式、PPP 模式、PFI 模式的比较

BOT 模式、PPP 模式、PFI 模式本质上都是狭义的海洋工程项目融资,而 PPP 模式概念更为广泛,反映更为广义的公私合营长期关系(如共享收益、共担风险和社会责任),尤其是在基础设施和公共服务领域;PFI 模式更强调的是私营企业在融资中的主动性和主导性。相对而言,PFI 模式、BOT 模式的概念更强调政府发包(采购)海洋工程项目的方式,而 PPP 模式则更强调政府在海洋工程项目公司中的所有权,如图 8-2、表 8-2 和表 8-3 所示。

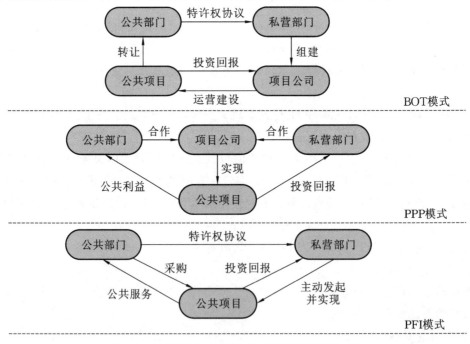

图 8-2 BOT 模式、PPP 模式、PFI 模式的结构对比

表 8-2　BOT 模式、PPP 模式、PFI 模式的各方责任比较

模式	机构	融资责任	风险	关系协调	前期投入	控制权
BOT	公共部门	小	小	弱	大	小
	私营部门	大	大	弱	大	小
PPP	公共部门	共同	共同	强	小	共同
	私营部门	共同	共同	强	小	共同
PFI	公共部门	最小	最大	最弱	最小	无
	私营部门	最小	最大	最强	最大	全部

表 8-3　BOT 模式、PPP 模式、PFI 模式的参与程度和获益比较

模式	机构	决策	设计	建造	融资	运营	拥有	获益
BOT	公共	√	√				√	投资机会+海洋工程项目
	私营		√	√	√	√		特许期运营利润+政府部门其他承诺
PPP	公共	√	√	√	√	√		投资机会+部分海洋工程项目利益(公共服务)
	私营	√	√	√	√	√	√	部分海洋工程项目利益(运营利润)
PFI	公共	√						投资机会+公共服务
	私营		√	√	√	√	√	海洋工程项目利益(公共部门提供)

8.2　"一带一路"背景下的海洋工程项目融资

"一带一路"资金融通取得超预期成果,构建了以重大海洋工程项目为驱动力的投融资合作新机制,形成了以开发性金融为重要形态的投融资合作新模式。

8.2.1　"一带一路"融资

基础设施作为"一带一路"建设的优先领域,已成为促进全球经济发展的新动力与新引擎。尽管世界银行、亚洲开发银行等多边开发金融机构在基础设施投资中发挥了重要的作用,但无论在融资规模还是融资方式方面均无法满足需要。因此,如何有效地满足全球基础设施投资,尤其是发展中国家基础设施投资的资金需求仍是一项严峻的挑战,探索新的方法

实现各国可持续的基础设施建设已成为各界关注的焦点。"一带一路"建设面临长期、巨额的融资需求，必须创新融资模式，以高效配置金融资源支持"一带一路"建设的效率，强化国际合作机制，营造"一带一路"建设的良好环境。

截至 2017 年年末，包括我国在内的 27 国财长签署《"一带一路"融资指导原则》，11 家中资银行在"一带一路"沿线国家设立了 71 家一级分支机构，共参与了"一带一路"建设 2600 多个海洋工程项目，累计发放贷款超过 2000 亿美元。中资金融机构境外发行债券总规模为 1031 亿美元，较 2016 年增长 78%。21 个"一带一路"国家的 55 家银行在华设立机构，以亚洲基础设施投资银行（以下简称"亚投行"）、金砖国家开发银行、丝路基金为代表的新型国际融资平台成功组建运营，以上合银联体、东盟银联体、中东欧银联体、中阿（拉伯国家）银联体、中非银联体等为纽带的国际金融合作机制作用凸显。

但还应看到，在"一带一路"倡议提出 5 年后，建设仍具有长期性、复杂性和艰巨性，重大海洋工程项目投资规模大、建设周期长、财务收益低，资金供需错配、投入产出不均衡、风险收益不平衡等矛盾愈加突出。

8.2.2 "一带一路"主要融资模式

我国政府正在推动各国共同构建一个多层次的投融资体系，为"一带一路"建设提供贷款、股权融资、债券融资、发展援助等金融服务。在现有投融资体系中，根据海洋工程项目规模、预期现金流、发起人和主管机构的信用和偏好、股东预期回报、海洋工程项目风险和担保结构、合作国的政治和经济状况等因素，可选择或组合使用以下融资模式和工具。

8.2.2.1 股权融资

股权融资是指股东出让部分企业所有权，或通过企业增资的方式引进新股东，同时使总股本增加的融资方式。目前，各类基金发挥着股权融资的主导作用，如由我国政府发起设立的丝路基金和人民币海外基金，由国家开发银行（以下简称"开发银行"）、中国进出口银行（以下简称"进出口银行"）等金融机构发起设立的中非发展基金和中国-东盟投资基金等区域性基金，由地方政府发起设立的江苏"一带一路"投资基金、福建 21 世纪海上丝绸之路产业基金、广东丝路基金等地方性基金。

8.2.2.2 银行贷款

银行贷款中的外汇中长期贷款和主权类外汇贷款主要用于中长期工程项目、基础设施、基础产业和战略新兴产业等领域。在东道国关键领域进行资源和技术整合时，并购国际银行贷款发挥了积极作用。出口卖方信贷和买方信贷，在支持和扩大国内大型机械、成套设备、大型海洋工程项目等产品出口"一带一路"国家时，提供必要的信贷支持，并促进国内出口企业加快回款速度，规避汇率、违约等风险。PSL 贷款是由中国人民银行向开发银行、进出口银行提供的抵押补充贷款，可用于"一带一路"领域、国际产能和装备制造合作等海洋工程项目。"两优"贷款是向海洋工程项目国（发展中国家）政府提供的具有优惠性质的资金安排，包括援外优惠贷款和优惠出口买方信贷，因其利率低（2%～3%）、期限长（一般为 15～20 年），为支持"一带一路"建设提供了融资便利。

8.2.2.3 融资租赁

融资租赁商业模式为承租人自筹 10%～30% 的资金用于租赁保证金和首付款，租赁公司融资或垫资购买企业指定的设备交承租人使用，设备一般归承租人所有。从全球范围看，融资租赁是仅次于银行信贷的第二大融资工具。截至 2017 年年末，我国金融租赁公司中，资产规模超千亿元的企业超过 8 家，57 家金融租赁公司总资产已达 20975.14 亿元，注册资本金合计 1630.06 亿元，融资租赁业务量仅次于美国。"一带一路"将推动我国融资租赁业向国际化、专业化、差异化的业务模式转型。

8.2.2.4 债券融资

目前，债券融资仍是"一带一路"融资发展的薄弱环节。亚洲国家已经将推进亚洲债券市场的发展作为地区金融合作的目标。亚投行发行长期债券的实践将会为区域内债券市场的发展提供经验，将有力推动本币债券市场的发展，进一步扩大中长期资金来源。"一带一路"推动熊猫债发行规模快速增长。截至 2018 年 3 月，中国银行间市场交易商协会支持波兰、匈牙利等"一带一路"沿线境外发行人及招商局港口等有助于基础设施互联互通的境外企业，在银行间债券市场注册熊猫债累计超过 1200 亿元，发行超过 480 亿元。交易所债券市场在助力"一带一路"资金融通、服务建设方面也进行了有益尝试。截至 2018 年 3 月，已有 7 家境内外企业发行"一带一路"债券的申请获得证监会核准或沪深交易所的无异议函，拟发行金额合计 500 亿元。其中，4 家境内外企业已发行 35 亿元"一带一路"债券。

8.2.2.5 PPP 模式

公共部门与私营部门通过正式的协议明确双方权利和义务，发挥各自优势提供公共服务，以优化跨境建设的成本共享和风险分担机制，合理规避各种风险。PPP 模式与"一带一路"倡议的合作共赢理念高度契合，并在"一带一路"重大海洋工程项目中广泛运用，涵盖能源电力、港口园区、公路铁路等领域。其典型案例有缅甸皎漂特别经济区深水港和工业园海洋工程项目、巴基斯坦卡西姆港燃煤电站、东非亚吉铁路等。

【小结】

本章主要介绍了海洋工程项目投融资的基本内容和海洋工程项目投融资管理。首先介绍海洋工程项目投资管理，从海洋工程项目投资方案和海洋工程项目投资估算两方面进行叙述，分析海洋工程项目运营过程中的资金流动，而后从海洋工程项目融资的两个方式，即传统方式和特许海洋工程项目经营方式介绍海洋工程项目融资基本内容，具体介绍了特许海洋工程项目经营方式的几种常见模式。

【关键术语】

海洋工程项目融资(ocean project finance)：在海洋工程项目建设总投资估算的基础上，构造建设投资和流动资金的来源渠道及筹措方案，包括融资结构、融资成本和融资风险分析，并对海洋工程项目投融资方案进行优化。

法人(legal person)：具有民事行为和权利能力，独立享有民事权利和承担民事义务的组织。

特许经营海洋工程项目融资:通过海洋工程项目来融资,因为狭义的海洋工程项目融资最适用于基础设施、公用事业或自然资源开发等海洋工程项目,而这些海洋工程项目往往都需要政府的特许授权,因此,狭义的海洋工程项目融资常常被称为"特许经营海洋工程项目融资"。

【讨 论 与 案 例 分 析】

【案例 8-1】 港珠澳大桥融资案例分析

港珠澳大桥于 2009 年 12 月 20 日动工建设。港珠澳大桥跨海逾 35 千米,相当于 9 座深圳湾公路大桥,为世界最长的跨海大桥;大桥建有 6000 多米长的海底隧道,施工难度世界第一;港珠澳大桥建成后,使用寿命长达 120 年。

大桥融资共有 4 种提案:

(1)口岸设施及连接线工程由三地各自负责,组成海洋工程项目建成或代建管理机构,统一负责桥隧主体工程的建设管理;以中央政府牵头,联合内地、香港、澳门三地政府组建建设协调领导小组,协调有关事宜;海洋工程项目法人以一两家中央企业为发起人,联合内地、香港、澳门等地有关机构组成。内地资本金占 51% 以上(含中央补贴),对香港、澳门投资人进行招股,对香港、澳门投资人的股份比例进行上限限制。

(2)口岸设施及接线工程由三地各自负责,内地、香港及澳门分别负责各自范围内大桥的融资及建设;以中央政府牵头,联合内地、香港、澳门三地政府组建建设协调领导小组,协调有关事宜;内地部分海洋工程项目法人以一家中央企业(含中央补贴)为发起人,联合广东等地有关机构组成。

(3)口岸设施及接线工程由三地各自负责,以中央政府牵头,联合内地、香港、澳门三地政府组建建设协调领导小组,协调有关事宜;对多个由内地资本控股的海洋工程项目投资者(含联合体)进行 BOT 方式招标(无中央政府补贴),中标人负责大桥建设管理及运营。

(4)口岸设施及接线工程由三地各自负责,以中央政府牵头,联合内地、香港、澳门三地政府组建建设协调领导小组,协调有关事宜;大桥主体以 BOT 方式融资,通过国际公开招标选择投资人。

大桥最终融资方案:

通过对融资对象的界定、法律可行性及三地政府承担的责任和风险分配,内地、香港、澳门三地政府就投融资方案达成最终共识,确定本海洋工程项目桥隧主体采用"政府全部出资本金,资本金以外部分由粤、港、澳三方共同组建的海洋工程项目管理机构通过贷款解决"的融资方式。按照三地经济效益费用比相等原则的投资责任分摊比例,香港、澳门、内地分别为 50.2%,14.7%,35.1%,香港、澳门、内地政府在资本金比例为 35% 的情况下,各自分配投资 67.5 亿元、19.8 亿元和 47.2 亿元。中央政府对海中桥隧主体工程给予资金支持,内地政府资本金由 47.2 亿元提高至 70 亿元,香港、澳门政府的出资额不变。得到海洋工程项目资本金总额为 1573 亿元,资本金比例约为 42%。海洋工程项目资本金以外部分,由三地共同组建的海洋工程项目管理机构通过贷款解决。大桥建成后,实行收费还贷,海洋工程项目性质为政府出资收费还贷性公路。内地、香港、澳门三地政府分别负责口岸及连接线的投资。

9 海洋工程项目方案管理

【本章核心概念及定义】

1. 海洋工程项目建设方案的基本内容及概念；
2. 建设方案优化管理全过程。

9.1 海洋工程项目建设方案

9.1.1 海洋工程项目建设方案概述

建设方案是海洋工程项目的主体，方案策划、评估和决策是海洋工程项目前期阶段的核心内容。不同行业、不同类型的海洋工程项目，其建设方案和构造内容不尽相同。一般的海洋工程项目建设方案应包括以下四部分：

（1）海洋工程方案

确定要建设的海洋工程的用途、规模如何、建成后效益如何、地址选在哪里、交通运输及能源情况、对环境有什么影响、建设资金等的计划，供海洋工程项目可行性研究、立项审批、规划报批等用。

（2）设计方案

设计单位受业主委托，编制出满足业主海洋工程使用要求及现行的规划、防火、节能环保、建筑设计等规范标准要求的初步设计，供规划审批后，作为制作施工图的依据。

（3）施工组织设计

施工单位以某海洋工程的正式施工图文件为依据，结合现场条件，按合同约定的工期目标、质量目标、安全目标制订用于指导整个海洋工程项目施工的组织文件。

（4）施工方案

这是施工组织设计中某个具体分部、分项的详细运行步骤，依据是各专业施工、验收、安全技术规范。其各种目标服从施工组织设计文件。

根据行业和海洋工程项目特点或复杂程度不同，可对上述海洋工程建设项目方案研究的内容进行调整或简化。

9.1.2 海洋工程项目全生命周期中的 BIM 应用

随着建筑工程业和现代信息技术的不断进步和发展，BIM 技术的应用进一步提高了建筑工程的精细化管理水平,提高了整个工程的施工管理质量和效率。随着现代社会的快速发展,中国的经济和科技也在不断完善,越来越多的海洋工程项目管理变得越来越复杂。海洋工程项目管理的主要内容包括海洋工程项目时间、海洋工程项目成本、海洋工程项目安全等方面。

BIM(building information modeling)技术是 Autodesk 公司在 2002 年率先提出,目前已经在全球范围内得到业界的广泛认可。它可以帮助实现建筑信息的集成,从建筑的设计、施工、运行直至建筑全生命周期的终结,各种信息始终整合于一个三维模型信息数据库中,设计团队、施工单位、设施运营部门和业主等各方人员可以基于 BIM 进行协同工作,有效提高工作效率、节省资源、降低成本,以实现可持续发展。

BIM 的核心是通过建立虚拟的建筑工程三维模型,利用数字化技术,为这个模型提供完整的、与实际情况一致的建筑工程信息库。该信息库不仅包含描述建筑物构件的几何信息、专业属性及状态信息,还包含非构件对象(如空间、运动行为)的状态信息。这个包含建筑工程信息的三维模型,大大提高了建筑工程的信息集成化程度,从而为建筑海洋工程项目的相关利益方提供了一个工程信息交换和共享的平台。

BIM 有如下特征:它不仅可以在设计中应用,还可应用于建设海洋工程项目的全生命周期中;用 BIM 进行设计属于数字化设计;BIM 的数据库是动态变化的,在应用过程中不断更新、丰富和充实;为海洋工程项目参与各方提供协同工作的平台。我国 BIM 标准正在研究制定中,研究小组已取得阶段性成果。

当前的桥梁工程建设项目中,BIM 技术已在桥梁全生命周期中深入实施,BIM 技术在不同阶段和环节有着不同的实施路径,如设计阶段采用 BIM 技术实现协同设计,施工阶段利用 BIM 技术实现可视化施工,运营管理阶段利用 BIM 技术实现动态监测,为运营管理和维修养护决策提供可靠的参考依据。BIM 技术摆脱了二维工作模式,把三维模型和更为先进的技术融入当前的工程建设项目中。它在正式进入到桥梁领域之后,迅速渗透至桥梁工程不同阶段,包括设计、施工和运营管理,在每个阶段都发挥出了重要作用。

🎖 实例应用

宁波舟山港跨海桥梁建设管理过程中 BIM 技术的应用

根据业主"阳光工程"的要求,在总结以往跨海大桥建设管理经验的基础上,将先进的管理模式与业主建立的"阳光工程"动态管理系统对接。公司以动态管理平台为工具,融合信息化技术、海洋工程项目管理技术(含 BIM 技术)和专业技术服务,确保业主对海洋工程项目能够实时、可视、动态地管理,争取建造出一座"绿色、优质"的桥梁工程,也为我国提升海洋工程项目管理技术和手段提供可借鉴的经验。

为加强宁波舟山港主通道(鱼山石化疏港公路)公路工程第 DSSG03 标实施"阳光工程"建设工作管理,在工程建设项目实施"阳光操作",打造阳光工程、精品工程,根据业主管理要求,海洋工程项目部成立实施"阳光工程"建设领导小组。

（1）信息化技术

海洋工程项目配置两条通信宽带,50M 电信宽带供日常使用,50M 联通宽带供备用,确保网络畅通,可随时向业主传递、上报海洋工程项目建设信息。优化、升级自有信息管理系统,对接业主"阳光工程"动态管理系统,实现信息数据统一。委托专业单位提供技术支持,实时优化更新信息系统。

（2）海洋工程项目管理技术

公司内部信息管理系统已实现决策树技术、风险分析、海洋工程项目进展评价、网络计划技术、工作分解结构等一系列管理技术的信息化并已运作多年,公司员工熟悉信息管理流程及业务。进度、成本、风险、质量管理也已形成一套完整的二维管理运作体系。目前已在多个海洋工程项目开展 BIM 技术应用试点工作,积极积累不同工程类型的可视化技术经验,进而拓展海洋工程项目管理可视化技术,提高管理效率和质量。如目前在建的"甬台温复线飞云江跨海特大桥"在基础及下构施工时应用 BIM 技术,获得不错的管理效益,也积累了非常丰富的应用经验。

（3）专业技术说明

海洋工程项目部将通过互联网与单位办公平台连接,通过平台对工程所需资源和设备进行调配,并可随时与邀请的局内、国内、设计、施工等一些有类似工程施工经验和对工程地质比较熟悉的专家、教授进行交流,组成专家顾问组,分析、了解国内外类似工程施工的成功经验,指导本工程的施工,解决施工中出现的难题。

9.2 海洋工程项目建设方案的优化管理

建设方案优化管理是对拟建海洋工程项目各种可能的建设方案进行分析研究、比选和优化,进而构造相对最佳建设方案的全过程,是实现海洋工程项目目标,增加投资收益,规避投资风险的基础,对海洋工程项目的科学性决策起着关键作用。海洋工程项目方案比选应包括以下几步:

（1）根据海洋工程项目实际情况和若干基础资料,设计出若干个可行的方案;比选问题的命题和准备。

（2）从海洋工程项目技术经济的角度出发,将影响方案的主要因素一一列出,加以定量或定性的描述,并进行归纳、聚类。

（3）计算各因素的评判因子,综合其价值系数。

（4）选择目标函数值最佳或价值系数最大的方案。

9.2.1 项目建设方案的比选

9.2.1.1 项目建设方案的指标体系、基础资料及数据

（1）指标体系

方案比选指标体系包括技术层面、经济层面和社会层面(含环境层面)等三方面指标。

每一个比选层面又包含着若干比选因素。不同类别的项目,比选重点也不同。

① 公共产品类项目,如道路交通、桥梁隧道、港口码头、文化及体育设施、环境保护设施等项目,其方案比较偏重于社会层面,要从经济与社会协调发展、人民生活水平提高、方便出行、社会和谐稳定等方面去比较。同时,也需要进行技术层面和费用层面的比较。

② 竞争类项目,如重工业、轻纺、建材等工业项目,其方案比选的主要层面为经济层面和技术层面,通过比较规避风险,实现其增长性、赢利性、稳定性和竞争性,实现可持续发展。

(2)基础资料及数据

建设方案比选应以可靠、可比的数据为基础,所需要收集的基础资料和数据随投资项目类别不同而变化,主要有以下三类:

① 地区资料:地理、气象、水文、地质、经济、社会发展、交通运输和环保等资料。

② 海洋工程规范资料:国家、行业和地区颁发的海洋工程、技术、经济方面的规范、标准和定额等。

③ 市场调研资料:细分为市场、目标市场和市场容量等。

9.2.1.2 项目建设方案比选的主要方法

(1)定性与定量分析法

① 定性分析法是建设方案比选中常用的一种方法,是评估人员根据其自身的知识、经验和综合分析判断能力,在对评价对象进行深入调查、了解的基础上,对照评估参考标准,对各项评估指标的内容进行分析判断,形成定性评估结论。根据影响建设方案的各种因素,分析这些因素的影响程度,或者是把建设方案的各方面与项目要求进行比较,结合建设项目的着重点,从中选出一个最适合的方案。

② 定量分析法的核心是提出建设方案优化的数学模型,用数量指标评价建设方案的经济效益、环境效益和社会效益。

在实践中,由于诸多因素(如可靠性、社会环境、人文因素等)很难量化,因此,在建设方案比选中,往往采用定量分析法和定性分析法相结合的方法进行研究。

(2)整体和专项方案比选价值建设项目法(功能评价系数法)

价值建设项目(简称 VE)又称价值分析(简称 VA),是 20 世纪 40 年代后期产生的一门新兴的管理技术。价值建设项目是以提高产品或作业价值为目的的,通过有组织的创造性工作,寻求用最低的寿命周期成本,可靠地实现使用者所需功能的一种管理技术。价值建设项目中所述的"价值",是指作为某种产品(或作业)所具有的功能与获得该功能的全部费用的比值。它不是对象的使用价值,也不是对象的交换价值,而是对象的比较价值,是作为评价事物有效程度的一种尺度提出来的。价值建设项目理论可以概括地用公式表示为:

$$V = \frac{F}{C} \tag{9-1}$$

式中　V——研究对象的价值;

　　　F——研究对象的功能;

C ——研究对象的成本,即寿命周期成本。

价值建设项目与一般的投资决策理论不同。一般的投资决策理论研究的是项目的投资效果,强调的是项目的可行性,而价值建设项目是研究如何以最少的人力、物力、财力和时间获得必要的功能的技术经济分析方法。采用价值建设项目进行方案优选时,在初步可行的若干设计方案中,首先进行功能分析,确定各功能的比重(对于某一个具体建设项目而言,基本功能中需要突出的要点不尽相同);然后确定各功能的评价系数;再将各项评价系数汇集起来,得到综合评价系数;最后取综合评价系数最大的方案为最优方案。

(3)专家系统(知识库)优选法

专家系统是指基于知识的智能系统,是利用知识和推理程序来解决那些需要通过专家才能解决的问题的计算机程序。它应用人工智能技术,根据单个专家或群体专家提供的领域知识、经验进行推理判断,模拟领域专家做决定的过程,解决那些一般需要专家作决策的复杂问题。由于有一大批可供选择的专家知识库,所以在某些应用上可能超过个别专家的智能水平。

专家系统由若干模块组成,汇集了许多领域专家的知识、经验以及解决问题的能力,它能周密、全面、高效地处理和解决问题,而且不受周围环境的影响,专家的专长也不受时空限制。目前,专家系统在城市规划、建筑设计等方面的应用已经有了一定发展,但在结构设计和施工组织方面还有待完善。

此外,还可用层次分析法、模糊综合评判法等数学方法来对建设方案进行优选。

9.2.2　海洋工程项目建设规模的确定

9.2.2.1　海洋工程项目建设规模的含义

建设规模也称生产规模,是指海洋工程项目在设定的正常运营年份所达到的服务(生产)能力或者使用效益。

建设规模的确定,不仅能够直接影响投资海洋工程项目建设的合理性和投资效益(或效果),而且又可作为确定海洋工程项目原料路线、工艺技术方案、设备来源及资金投入等的重要依据。而建设规模的确定,会受到市场容量、原料供应、技术水平、设备能力、环境容量和建设配套条件等的制约和影响。

9.2.2.2　确定建设规模需考虑的主要因素

(1)合理的经济规模

合理的经济规模是指海洋工程项目的投入、产出处于较优状态,资源和资金可以得到充分利用,并可达到最佳经济效益的规模。衡量经济规模合理性的指标通常有单位产品投资、单位产品成本、劳动生存率、单位投资利润等。拟建海洋工程项目的建设规模应符合国家和行业主管部门规定的相关产业项目的经济规模标准,也可以根据技术装备水平和市场需求的变化,参考发达国家公认的经济规模,来确定拟建海洋工程项目的建设规模。

（2）市场容量与竞争力

市场对拟建海洋工程项目的产品品种、规格和数量的需求，从产出方向上规定了海洋工程项目拟建规模。因此，应根据市场调查和需求预测得出的有关市场容量，充分考虑产品的竞争力和营销策略，分析确立目标市场和可能占有的市场份额，确定拟建海洋工程项目的市场份额，进而确定拟建海洋工程项目的市场规模。

（3）环境容量与自然资源供应量

海洋工程项目生产期间排出的污染物不仅应达标排放，而且排出污染物总量须控制在环境保护行政主管部门给出的总量控制范围内。建设规模的确定，既要考虑当地环境的承受能力，还要考虑企业污染物总量控制的可能性。

自然资源的可供量直接影响到建设方案的规模。自然资源包括土地资源、生物资源、矿产资源、能源、水资源等。不同行业、不同类型的海洋工程项目对资源的要求不同，应充分考虑其特殊性。

（4）技术经济社会条件和现代化建设要求

建设规模与生产技术及主要设备的制造水平有关。确定建设规模应考虑所采用技术、设备的可靠性、可得性、适用性和先进性等，只顾四性中一部分来确定建设规模是不可取的。海洋工程建设项目所在地的经济社会状况、交通运输状况、动力供应等都直接影响海洋工程建设项目规模的确定，国家产业政策、投资政策、民族关系、军事国防等，也都是确定海洋工程项目建设规模应考虑的因素。建设规模方案的选择还应结合资金的可得性，量力而行。

9.2.3 海洋工程项目技术及设备方案选择

工艺技术及设备方案是海洋工程项目的构成部分，是实现海洋工程项目规模、产能、效益的主要手段，是海洋工程项目节能、降耗、减排、安全、环保、稳定、长周期运行的集中体现，也是海洋工程项目经济合理性的主要基础。在海洋工程项目可行性研究过程中，当海洋工程项目的建设规模与产品方案确定后，应根据产品生产的特点和要求，进行技术及设备方案的构造与选择。

技术方案的选择一般是指海洋工程项目的生产方法、工艺流程、技术路线选择和设备选型。

9.2.3.1 工艺技术方案的选择

工艺技术方案指的是生产方法、工艺流程、主要设备、自动控制等技术方案。工艺技术方案的比选，包括对各技术方案的先进性、适用性、可靠性、可得性、安全环保性和经济合理性等进行论证。工艺技术方案比选的内容与行业特点有关，一般情况下包括技术特点、原料适应性、工艺流程、关键设备结构及性能、产品物耗和能耗、控制水平、操作弹性、操作稳定性、本质安全和环保、配置条件、建设费用和运营费用、效益等诸多方面。要突出创新性和技术特点，重视对专利、专有技术的分析。

对选定的工艺技术方案要说明工艺技术的名称及技术特征、选用的理由以及与其他工艺技术方案的利弊比较。工艺技术的方案比选可以用文字说明,也可以用工艺技术方案比选表(表 9-1)的形式说明。

表 9-1 工艺技术方案比选表

序号	比较内容	单位	工艺技术 A	工艺技术 B	工艺技术 C	备注
1	技术来源和特征					
2	产品质量					
3	原理单耗					
4	主要技术参数					
5	单位能耗					
	燃料					
	水					
	电					
	气					
	折合能耗					
6	三废排放					
7	投资					
8	操作费用					
9	技术的先进性					
10	缺点或存在问题					

9.2.3.2 设备方案的选择

生产设备与工艺技术方案密切相关。工艺技术方案确定后,需要对主要设备进行研究论证、比选,以保证工艺技术方案的实施。设备方案包括设备的规格、型号、材质、数量、来源、价格等。

在调查研究国内外设备制造、供应以及运行状况的基础上,对拟选的主要设备做多方案比选,提出推荐方案。比选内容如下:

(1)主要设备比选

主要设备是指生产流程中的重要设备。一般从设备参数、性能、物耗和能耗、环保、投资、运营费用、对原料的适应性、对产品质量的保证程度、备品备件保证程度、安装试车技术服务等方面进行论证。

（2）引进设备时，通过经济技术比较，提出设备分交方案

在推荐方案中，要按装置分别叙述所选设备的名称、规格、型号、数量和来源。表 9-2 为湖北建恩高速中桥涵施工用主要设备表。

表 9-2　主要设备表

序号	设备名称	规格型号	国别产地	制造年份	额定功率（kW）	生产能力	数量				预计进场时间
							小计	其中			
								自有	新购	租赁	
1	挖掘机	CAT320	美国	2013 年		1.2m³	4	4			2015.10
		PC220	日本	2013 年		1.2m³	2	2			2015.10
2	自卸汽车	ND3320S	包头	2014 年		19t	10	10			2015.10
3	悬灌梁挂篮设备		自制	2014 年			16	16			2016.8
4	水泥混凝土拌合站	HZS90	中国	2014 年	2×30	90m³/h	1	1			2015.10
5	混凝土运输车	JCQ6	中国	2013 年	208	8m³	16	16			2015.10

9.2.4　海洋工程项目场址方案选择

海洋工程项目的场址方案选择是海洋工程项目决策的重要内容。选址不当将会造成海洋工程建设项目的"先天不足"，给日后的生产运营和服务功能带来难以弥补的缺陷，直接影响企业的正常生产、经营和效益。因此，必须根据海洋工程建设项目的特点和要求，对场址进行深入细致的调查研究，进行多点、多方案比较后再择优选定场址。

9.2.4.1　影响海洋工程项目选址的主要因素

影响海洋工程项目选址的主要区域因素有六项，其影响随海洋工程项目性质不同而不同，因此，不同海洋工程选址有不同侧重。一般来说，影响海洋工程项目选址的主要因素包括以下几个：

（1）自然环境因素

自然环境因素包括自然资源条件和自然条件。自然资源条件包括矿产资源、水资源、土地资源、能源、海洋资源等；自然条件包括气象条件、地形地貌、海洋工程地质、水文地质等。

（2）交通运输因素

交通运输因素是指供应和销售过程中用车、船、飞机以及管道、传送带等对物资的运输，包括当地的铁路、公路、水路、空运、管道等运输设施及能力。

（3）市场因素

这里的市场包括产品销售市场、原材料市场、动力供应市场。场址距市场的远近，不仅直接影响海洋工程项目的效益，也涉及产品或原料的可运性，在一定程度上会影响产品或原

料种类的选择。

（4）劳动力因素

劳动力因素包括劳动力市场与分布、劳动力资源、劳动力素质、劳动力费用等。劳动力因素与生产成本、劳动效率、产品质量密切相关,会影响海洋工程项目高新技术的应用和投资者的信心。

（5）社会和政策因素

社会因素包括地区分类和市县等别,经济社会发展的总体战略布局,少数民族地区经济发展政策,西部开发、中部崛起、振兴东北老工业基地政策,发展区域特色经济政策,国家级及地方经济技术开发区政策,东部沿海经济发达地区政策,国防安全等因素。海洋工程建设项目对公众生存环境、生活质量、安全健康带来的影响及公众对海洋工程建设项目的支持或反对态度,都影响着海洋工程项目的场址选择。

（6）人文条件因素

人文条件包括拟建海洋工程项目地区的民族、文化、习俗等。

（7）集聚因素

拟选地区产业的集中布局与分散布局,反映了拟选地区的经济实力、行业集聚、市场竞争力、发展水平、协作条件、基础设施、技术水平等情况。集中布局能带来集聚效应,实现物质流和能量流综合利用,能有效地降低产品成本、缩短建设周期。

9.2.4.2　比选方法

（1）层次分析法（AHP）

层次分析法是应用网络系统理论和多目标综合评价方法,提出的一种层次权重决策分析方法。该方法将复杂问题分解为若干层次和若干因素,在各因素之间进行简单的比较和计算,得出不同方案的权重,选出最优方案。利用层次分析法进行比选主要分为以下五个步骤:

① 明确问题,提出总目标;

② 将问题分解为若干层次,建立递阶层次结构模型;

③ 构造出各层次的所有判断矩阵;

④ 层次单排序及一致性检验;

⑤ 层次总排序及一致性检验。

根据层次分析法确定选址方案权重综合排序,能够明确供选择方案的好坏,以及在各选址影响因素上不同方案的优劣程度,为决策者提供参考依据。

（2）定量分析

在实际工作中,经常会出现海洋工程项目场址各因素均有优劣,定性分析很难取舍的情况,此时可采用定量分析法,主要看哪个场址方案经济效益最佳（投资较少、运行费用较低）。

一般来说,场址方案出现投资小、运行费用低时容易取舍,可以直接选取投资小、运行费用低的方案;有些方案可能出现投资小、运行费用高或投资大、运行费用低的情况,若投资差距明显,费用差距不大,或投资差距不大,费用差距明显,则根据海洋工程项目具体情况,由业主决定取舍,必要时可以通过动态分析决定。

9.2.4.3 海洋工程项目场址选择示例

交通工程项目场址选择中,公路交通项目选址应用最为广泛,应用时间最长。本节以公路交通建设项目的选址为例,说明其基本步骤。

(1)选址的范围与要求

公路交通建设项目作为带状海洋工程,总体具有建设里程长、涉及范围广、与沿线经济社会关系密切、协调工作量大、投资高等特点。公路交通建设项目的选址范围应根据业主委托提出的大致起终点及主要控制点,确定公路总体走向,并结合沿线及周边情况,充分考虑各种因素,由面到带,从所有可能的路线方案中,通过调查分析与比选,确定最优的路线走向方案。

影响项目走向方案(即路径选择)的主要控制性因素如下:

① 区域公路网规划

公路网规划是公路建设前期工作的重要环节,是公路合理布局、协调发展的重要手段,是确定公路建设项目的依据和基础。在实际执行中,应首先根据相关公路网规划,初步确定大的起终点及主要控制点,在此基础上,结合其他因素深化走向方案研究。

② 区域城镇、产业布局规划

公路交通建设项目在路线走向方案研究过程中应根据自身在路网中的功能(干线公路或一般公路、过境或集散等)充分考虑区域城镇、产业布局规划,原则上应与相关规划无干扰,同时还应结合规划做好衔接,并具有一定的前瞻性,使得公路建设项目未来与城镇、产业布局衔接便利,交通转换顺畅,有条件的区域应考虑为远期城镇及产业发展预留空间。

③ 沿线地形、地质条件

在确定路线走向方案阶段,对于地形、地质条件复杂的山区项目,应投入较大精力研究路线方案,尽可能使路线与沿线地形走向一致,必须横穿时,则尽量避免高填深挖,合理设置桥梁隧道,减少对生态环境的破坏;同时需高度重视沿线地质条件,开展必要的地质勘察工作,尽可能避开大型地质病害(群),提高工程安全性。

④ 控制性地物

控制性地物是指能够改变路线走向或对路线走向方案产生比较大影响的地物。一类是重要人工构筑物,如军事设施、文物保护设施、铁路、重要管线、重要企业厂房等;另一类是自然形成,但已由相关主管部门确定的对人类活动有一定要求的地域,如水源保护地、重要矿产资源、国家级自然保护区等。

由于控制性地物先于本项目存在,拆迁代价高、协调难度大,且部分区域是明令禁止开发区域。因此,当拟建的公路项目与控制性地物相互存在影响时,为减少项目建设不确定性和降低成本,加快项目进展,原则上以避让控制性地物为宜。

⑤ 综合运输体系布局规划

交通运输方式除公路运输外,还包括铁路、航空、水运、管道等其他运输方式,不同运输方式各有优势。因此,公路交通建设项目在确定路线走向方案时,应充分考虑并做好与区域铁路、航空、水运等综合运输体系布局规划的合理衔接,构建综合运输体系,以充分发挥各种交通运输方式的比较优势。

(2) 场址社会环境选择

公路建设项目选址的社会环境分析,主要应考虑沿线相关城镇及产业布局规划,综合运输体系的布局规划,重要矿产资源分布及开发情况,文物古迹分布及保护范围,相关重要的保护区(如自然保护区和水源保护区)分布,与项目相关的重要的企事业单位、公共设施等控制因素,分析本项目路线与上述控制因素的相对关系、衔接关系和相互影响关系等;同时应与相关主管部门、单位或企业进行沟通和协调,必要时应取得相关部门和企事业单位的书面意见,保证项目可行以及后续建设的顺利开展。

社会评价的主要内容应包括:项目的社会影响分析、项目与所在地的互适性分析、社会风险分析与对策建议,以及社会评价结论。

(3) 场址自然条件研究

公路建设项目自然条件研究应主要包括与项目建设相关区域总体的地形、地貌、气象、地质、水文等内容,对影响重大的因素,如区域地质构造、特殊性岩土、不良地质条件等应重点调查,分析其对项目的影响,并提出对建设方案的建议。重要项目(如高速公路项目、独立桥隧项目等)应编制专门的地质勘察报告,并将主要成果纳入公路建设项目可行性研究报告,作为路线方案选择及规模控制的重要依据。

环境影响分析的主要内容应包括:沿线环境特征、推荐方案对环境的影响、减小环境影响的对策等。

(4) 占地指标比选

在公路建设项目前期工作中,除考虑公路功能和交通需求以外,还应考虑土地特别是耕地的占用情况,把节约用地作为路线走向方案选择考虑的重要因素之一。具体路线方案比选时,应结合用地和耕地占用情况进行多方案论证和比选,充分利用荒山、荒坡地、废弃地、劣质地,尽量少占用耕地,特别是基本农田保护区的土地,实现满足公路功能要求和节约用地的合理统一。

土地利用评价的主要内容应包括:区域土地利用情况、利用类型及人均土地占有量;推荐方案占用土地、主要拆迁建筑物的种类和数量;对当地土地利用规划影响;与《公路建设项目用地指标》的符合性(每千米永久占地面积);节约使用土地措施;等等。

(5) 外部条件安排和制订实施方案

对于新建公路项目,应重点对建设的外部条件进行初步分析。研究项目的施工条件和特点,把握制约进度、质量、造价的关键环节,提出工期安排等实施方案。对于改扩建项目,除研究上述内容外,还应结合区域路网现状对施工期交通组织方案进行研究。这主要是考虑该类项目施工期需对现有公路进行改造,如通过挖除路肩进行路基加宽等;

对现有公路路基、路面病害进行处治等;施工与现有公路交通运行相互干扰较大,为保障施工期间的交通通行,避免和降低施工造成的社会影响,需研究并初步制订施工期交通组织方案。

(6)场址方案比选方法

公路建设项目前期阶段,应在对可能的建设方案进行初步比选的基础上,筛选出比较有价值的方案,进一步做同等深度的技术、建设费用、经济效益比选。公路路线方案比选的常用方法如下:

① 地形选线

结合项目所在区域地形地貌特点进行选线,路线平纵面线形要与沿线地形起伏、山势走向尽可能吻合协调,尽量做到与地形相融合。

② 地质选线

在对区域地质条件进行分析研究的基础上,重点考虑地质环境的稳定性及对公路的稳定性和安全性有不良影响的各种地质作用,确定路线走向。原则上要尽可能避让大型地质病害(群),选择地质条件相对较好的路线,若无法避让,则应选择里程最短、处治难度较小、风险较低的病害区,并对相关病害进行处治。

③ 环保选线

公路建设要实现可持续发展,选择路线时要充分考虑环境保护因素。对于山区公路建设项目,在实现线形和地形相吻合的基础上,通过优化线形,适当设置桥梁、隧道等,避免高填深挖等措施,减少公路自身对环境的破坏。此外,在确定路线的同时,要考虑建设期施工条件,降低施工难度,减少施工便道和施工场地等公路配套对环境的影响。

④ 安全选线

路线方案选择要充分考虑运营期行车安全。一方面,要结合地质选线,尽可能把线位布设在自然或地质灾害影响较小的地带;另一方面,当全线路线线形存在较为明显的不均衡或平纵面技术指标偏低(如存在长大纵坡、平纵配合不良)时,应以运营车速理论指导路线方案选择,通过运营车速均衡性等指标检验线形指标的组合,优化线形设计,消除线形设计过程中可能存在的事故黑点。

⑤ 经济选线

从经济成本和经济效益角度进行路线方案比选。从经济成本角度进行比选时,要按照全生命周期成本的理念,综合考虑公路建设、运营、养护等成本,对不同路线方案进行技术经济比选;从经济效益角度进行比选时,要考虑两方面因素,一方面要考虑各方案自身交通量吸引能力所产生的不同经济效益,另一方面要考虑项目建成后带动沿线及周边经济社会发展产生的经济效益。经济成本和经济效益两者相互关联,要统筹好两者关系,尽可能实现降低成本的同时提高效益。

9.3 银北高速公路建始至恩施段第TJ-2标段项目总体策划方案

9.3.1 工程概况

9.3.1.1 项目位置

银川至北海高速公路建始(陇里)至恩施(罗针田)段第 TJ-2 标段位于湖北省恩施土家族苗族自治州建始县(业州镇)和恩施市(白杨坪镇)境内。主线起讫里程为 YK64＋800～K80＋200,支线起讫里程为 ZXK0＋000～ZXK2＋733.374,线路全长 18.916km,其中主线线路长 15.4km,支线线路长 2.733km。标段内设互通式立体交叉 2 处,即白杨坪枢纽互通、徐家垭枢纽互通;设服务区 1 处,即建始服务区。本标段线路与国道 G209 同走廊,总体呈东北—西南走向。线路始于建始县规划区东侧业州镇金银店村,起点处跨越建业公路,随后下穿宜万铁路文家峁 1 号桥,向西南方向延伸,在楠木岭跨越马口河,进入恩施市白杨坪镇。在马口河南岸赵家亭子设白杨坪枢纽互通后,主线向西延伸,上跨东岳宫铁路隧道、G209、S340,至铁锅坝结束,支线向东南延伸至徐家垭,设徐家垭枢纽互通连接沪渝高速。

9.3.1.2 主要技术标准

主要技术标准见表 9-3。

表 9-3 主要技术标准

序号	项目	标准
1	道路等级	双向四车道高速公路
2	路基宽度	整体式路基宽 24.5m(桥梁与路基同宽); 分离式路基 12.25m(桥梁 12m)
3	设计速度	80km/h
4	设计荷载	公路-I 级
5	地震动峰值加速度	0.05g
6	设计洪水频率	特大桥 1/300,一般桥涵和路基 1/100

9.3.1.3 主要工程数量

标段主要结构物有:桥梁 7776.3m(29 座)[其中主线桥梁 3613m(12 座),支线桥梁 990m(3 座),互通内桥梁 3173.3m(14 座)],涵洞/通道 37 道。主要工程数量见表 9-4。

表 9-4　主要工程数量表

序号	项目名称		单位	数量	备注
1	路基	挖方	万立方米	406.6	其中挖土方 40.5 万立方米,挖石方 366.1 万立方米
		填方	万立方米	279.3	
2	桥涵	大桥	m	7746.3(28座)	桩基(988 根),墩台 415 个;30mT 梁 724 片,40mT 梁 750 片,现浇梁 2185m（79 孔）,悬浇梁 460m(8 孔),钢箱梁 157m(6 孔)
		中桥	m	30(1 座)	
		涵洞/隧道	道	37	盖板涵 36 道、拱涵 1 道
		天桥	道	2	岩风洞天桥、徐家垭天桥
3	互通立交		处	2	白杨坪枢纽互通、徐家垭枢纽互通

9.3.1.4　合同工期与造价

本项目合同工期为 36 个月,路基工程 25 个月,一般桥梁工程 29 个月。计划自 2015 年 7 月 1 日组织正式施工,至 2017 年 11 月 30 日完成所有工作内容,共计 29 个月。合同投标造价 8.555 亿元。

9.3.2　编制说明

9.3.2.1　编制依据

(1) 工程招投标文件,施工图纸等。

(2) 国家现行的路基、桥涵、路面等施工技术规范、规程,公路工程质量检验评定标准,试验规程等。

(3)《湖北省高速公路建设标准化指导意见》及鄂西高速公路指挥部下发的其他文件。

(4) 现场踏勘、调查收集到的地形、地质、气象和其他地区性条件等资料。

(5) 公司《管理制度》及经华夏认证中心认证的质量管理体系、职业健康安全管理体系、环境管理体系。

(6) 公司技术力量、队伍素质、机械设备、管理能力和组织协调能力及多年来在同类工程中积累的施工经验。

9.3.2.2　指导思想

进行科学严谨的总体布置及规划,有效指导施工,全面实现银北高速公路工程的总体目标。

合理安排施工顺序,采用信息技术科学地安排进度计划;采用先进、成熟、经济、适用、可靠的施工技术和施工工艺;合理布置施工临时设施,减少施工用地;配备先进的机械化作业生产线,保障工序质量,提高生产效率,降低工程成本,提高经济效益;严格工程质量管理,确保工程质量创优;狠抓施工安全和环境保护,确保安全、环保目标的实现。

9.3.2.3　适用范围

本策划方案适用于银川至北海高速公路建始(陇里)至恩施(罗针田)段第 TJ-2 标段。

9.3.3　施工总体策划方案

9.3.3.1　项目管理目标

（1）总体目标

树立精细化管理理念,做到施工过程管理精细化。根据标段工程特点,认真做好项目前期策划,做好实施性施工组织设计并严格对照执行。建立健全各项保证体系,保证工程施工的有效管控,通过强有力的管理手段,使得进度、质量、安全、环保、消防和文明施工等落到实处。

（2）进度目标

按照合同的工期要求,结合项目特点和实际情况,以 T 梁制架为主线,确保梁场段路基和马口河大桥按期完成,并在 29 个月内完成所有施工任务。

（3）质量目标

工程质量满足招标文件要求:工程交工验收质量评定合格,竣工验收质量评定优良。

（4）安全目标

① 杜绝特大事故,遏制较大事故,努力减少一般事故,力争零死亡。

② 无较大责任事故。

③ 无重大安全隐患。

④ 事故频率控制在 3‰ 以内,事故费率在 1.5‰ 以下。

⑤ 不得因施工而对周边环境、建筑、设施等造成破坏。

⑥ 无刑事案件发生。

（5）环境保护目标

坚持做到"少破坏、多保护、少扰动、多防护、少污染、多防治",使环境保护和水土保持监控项目与监控结果达到设计文件及有关规定的要求,教育培训率达 100%,贯彻执行率和覆盖率达 100%。将银北高速公路建始至恩施段建成一条环境优美的绿色大道。

（6）消防管理目标

杜绝各类火灾事故。

（7）文明施工目标

做到现场布局合理,施工组织有序,材料堆码整齐,设备停放有序,标志标识醒目,环境整洁干净,实现施工现场标准化、规范化管理,达到《湖北省高速公路建设标准化指导意见》和《湖北高路鄂西高速公路建设标准化实施指导意见》的有关要求。

9.3.3.2 工区划分及承担任务情况

本项目计划采用项目部直管方式进行现场管理,将标段划分为四个工区,每个工区由一名项目副经理牵头,配备一定数量的测量、技术、试验、安全、协调等一线管理人员,作为项目部的"前线指挥部",按照项目部制订的施工方案、施工计划等组织施工,实现项目部对各个工点的有效控制。

工区内的测量、技术、试验、安全、协调等一线人员服从项目部相应职能部门的管理,以此达到项目部对各施工队伍直接管理的目的。工区划分情况见表9-5。

表9-5 工区划分一览表

工区	划分里程	主要工程内容	备注
第一工区	YK64+800～K74+650	标段起点至马口河北岸所有施工,主要工程量有:文家峁分离式立交桥、文家峁大桥、牛角水大桥、岩风洞大桥、杜家堖1号大桥、杜家堖2号大桥、马口河大桥(0-2#墩及刚构梁),涵洞/通道26道,天桥1座,服务区1座,挖方1926155m³,路基填方1635110m³	辖:桩基一队、桥梁一队、制梁三队、路基一队
第二工区	K74+650～K75+845	马口河南岸马口河大桥及白杨坪枢纽互通所有施工,主要工程量有:马口河大桥(3-5#墩)、白杨坪枢纽互通马口河大桥及小倘湾大桥、A匝道、B匝道、C匝道、D匝道,涵洞/通道2道,挖方132538m³,填方129569m³	辖:桩基二队、桥梁二队、制梁四队、制梁五队、路基二队
第三工区	K75+845～K80+200	白杨坪枢纽互通终点至标段终点所有施工,主要工程量有:白杨坪1号大桥、白杨坪2号大桥、白杨坪3号大桥、白杨坪4号大桥、铁锅坝大桥,涵洞/通道6道,挖方734103m³,填方345543m³	辖:桩基三队、桥梁三队、制梁一队、制梁二队、架梁一队、架梁二队、路基二队
第四工区	ZXK0+000～ZXK2+733	白杨坪支线及徐家垭枢纽互通所有施工,主要工程量有:老刘湾大桥、黄家湾大桥、回龙观中桥、徐家垭枢纽互通主桥、A匝道、B匝道、C匝道、D匝道,涵洞/通道3道,天桥1座,挖方1273255m³,填方683226m³	辖:桩基四队、桥梁四队、制梁六队、路基三队

9.3.3.3 施工队伍设置情况

项目部设路基队伍 3 个、桩基队伍 4 个、桥梁下构队伍 4 个、制梁队伍 6 个、架梁队伍 2 个、绿化队伍 1 个,及钢筋场、拌合站。施工队伍组织及任务划分情况见表 9-6。

表 9-6 施工队伍组织及任务划分表

序号	队伍	施工任务	序号	队伍	施工任务
1	路基一队	标段起点至岩风洞大桥段路基工程(含建始服务区),挖方 140.1 万 m³,填方 139.8 万 m³	10	桥梁三队	负责白杨坪枢纽互通终点至标尾 5 座主线桥梁下构(108 个墩台)施工
2	路基二队	岩风洞大桥至标尾段路基工程(含白杨坪枢纽互通),挖方 39.2m³,填方 71.2m³	11	桥梁四队	负责支线及徐家垭枢纽互通桥梁下构(111 个墩台)施工
3	路基三队	支线及徐家垭枢纽互通路基工程,挖方 127.3 万 m³,填方 68.3 万 m³	12	制梁一队	负责 724 片 30mT 梁预制(1#梁场 419 片、3#梁场 305 片)
4	桩基一队	负责马口河北岸 6.5 座桥桩基(186 根)施工	13	制梁二队	负责 750 片 40mT 梁预制(2#梁场)
5	桩基二队	负责马口河大桥(南岸部分)及白杨坪枢纽互通主线、匝道桩基施工(304 根)	14	制梁三队	负责马口河大桥北岸 2 个主墩(2 个 T 构)悬浇梁施工
6	桩基三队	负责白杨坪枢纽互通终点至标尾 5 座桥桩基(228 根)施工	15	制梁四队	负责马口河大桥南岸 4 个主墩(4 个 T 构)悬浇梁施工
7	桩基四队	负责支线及徐家垭枢纽互通桩基(270 根)施工	16	制梁五队	负责白杨坪枢纽互通及文家垱立交、文家垱大桥共 2 孔现浇梁施工
8	桥梁一队	负责马口河以北 6.5 座桥下构(89 个墩台)施工	17	制梁六队	负责回龙观中桥及徐家垭枢纽互通共 37 孔现浇梁施工
9	桥梁二队	负责马口河以南至白杨坪枢纽互通终点所有桥梁下构(107 个墩台)施工	18	架梁一队	负责主线上 65130mT 梁架设

续表 9-6

序号	队伍	施工任务	序号	队伍	施工任务
19	架梁二队	负责 750 片 40mT 梁架设及两个枢纽互通上 73 片 30mT 梁架设(共 823 片)	21	拌合站	负责全线混凝土拌合及运输(38 万 m³)
20	绿化队	负责全线范围内绿化施工	22	钢筋场	负责桥梁基础及下构、涵洞钢筋的成品、半成品加工

各队伍配置足够的人员、设备及周转材料,相互独立施工。各工区管理人员在符合项目总体进度计划的前提下,组织其管段内所有工程施工。项目部建立考核机制,每个月对各工区从安全、质量、进度及文明施工等方面进行综合考评,建立完善的奖罚制度,奖罚直接针对个人,以提高管理人员的积极性和主动性,充分调动施工队伍的施工热情。

【小结】

本章首先简单介绍了海洋工程项目建设方案的内容,而后从海洋工程项目建设方案的比选、规模的确定、技术及设备方案选择、场址方案选择这几个方面介绍了海洋工程项目建设方案的优化管理。

【关键术语】

价值建设项目(value construction project):价值海洋工程建设项目是以提高产品或作业价值为目的的,通过有组织的创造性工作,寻求用最低的寿命周期成本,可靠地实现使用者所需功能的一种管理技术。

静态费用(static charge):是以某一基准年、月的建设要素的价格为依据所计算出的海洋工程建设项目投资的瞬时值。

【讨论与案例分析】

【案例 9-1】 杭长高速公路杭州至安城段的建设方案比选实例

杭长高速公路是浙江省高速公路主要组成部分之一,本项目所选取的是杭州至安城段,它位于国家高速公路长深线与省内杭宁线所在的公路通道中,是全省乃至全国重要的运输通道之一。项目建成后可以进一步完善浙北地区的高速公路网络,缓解杭宁高速公路的交通压力,满足日益增长的运输需求,促进杭州和湖州的相关产业的发展,同时也使杭州作为浙江省公路交通枢纽中心的集聚与辐射作用更为显著和完善。其建设方案的技术经济指标比选情况如表 9-7 至表 9-9 所示。

表 9-7 K1 线与 B1 线方案技术经济指标比较表

类别		单位	K1 线方案	B1 线方案
起点桩号			K9＋449.624	
终点桩号			K14＋900	K14＋834.854
路线长度		km	5.413	5.385
平纵指标	平曲线最小半径	m	2300	5700
	路线最大纵坡	％	1.7	2
	最短坡长	m	570	610
路基路面海洋工程	路基挖方	m³	385	329
	路基填方	m³	357085	380409
	软基处理	m	223	547
	排水海洋工程	m	2894	3060
	防护海洋工程	m²	91234	104401
	路面海洋工程	m²	12079	11139
桥梁与涵洞	特大桥	m	2995.93	2997.96
	涵洞	m	3	2
互通式立交		处	1	1
通道		道	2	3
征地与拆迁	征用土地	ha	40.767	41.037
	房屋拆迁	m²	16020	12823
电力、电信线		根	501	496
建筑安装海洋工程费		万元	37547.4	37770.7
总概算		万元	58407.9	58295.0

表 9-8 K2 线与 B2 线方案技术经济指标比较表

类别	单位	K2 线方案	B2 线方案
起点桩号		K35＋239.148	
终点桩号		K40＋100	K40＋155.903
路线长度	km	4.861	4.917

续表 9-8

类别		单位	K2 线方案	B2 线方案
平纵 指标	平曲线最小半径	m	1200	1030
	路线最大纵坡	‰	2.4	1.85
	最短坡长	m	450	968.82
路基 路面 海洋工程	路基挖方 （不含隧道挖方）	m³	162284	92436.4
	路基填方	m³	425057	469676
	排水海洋工程	m	6128	5750
	防护海洋工程	m²	57040	94151
	抗滑桩	根	60	60
	路面海洋工程	m²	49609	66652
桥梁 与涵洞	大桥	m	951.92	1377.36
	中小桥	m	135.08	46.04
	涵洞	m	5	4
隧道		m	539(3)	290
分离		m	955.44	398.92
通道		道	4	7
征地 与拆迁	征用土地	ha	21.884	23.354
	房屋拆迁	m²	14940	17067
电力、电信线		根	225	243
建筑安装海洋工程费		万元	22341.6	20755.5
总概算		万元	34583	34355.6

表 9-9　K3 线与 B3 线、B4 线方案技术经济指标比较表

类别	单位	K3 线方案	B3 线方案	B4 线方案
起点桩号		K54+300	BK54+300	
终点桩号		K68+154.827	BK68+764.445	
路线长度	km	13.791	14.403	13.535

类别		单位	K3 线方案	B3 线方案	B4 线方案
平纵指标	平曲线最小半径	m	1195.3	1400	1950
	路线最大纵坡	%	3	3	3
	最短坡长	m	341.32	410	400
路基路面海洋工程	路基挖方	m³	1262585	1873216	1756515
	路基填方	m³	1775068	1818648	1441675
	软基处理	m	2934	3240	3182
	排水海洋工程	m	19820	21020	20768
	防护海洋工程	m²	393899	436031	364193
	路面海洋工程	m²	260855	286798	239426
桥梁与涵洞	大桥	m	1425.45	1234.06	1381.16
	中、小桥	m	581.9	631.44	398.32
	涵洞	m	14	13	12
隧道		m	1308	1083	1625
服务区		处	1	1	/
通道		道	23	23	19
征地与拆迁	征用土地	ha	78.137	86.554	68.879
	房屋拆迁	m²	33349	29300	23874
电力、电信线		根	412	415	418
建筑安装海洋工程费		万元	52255.9	50222.5	53646.8
总概算		万元	78385.9	76333.6	78568.9

10 海洋工程项目采购管理

【本章核心概念及定义】

1. 海洋工程项目采购的含义、分类、原则、程序和内容；
2. 海洋工程项目采购管理基本内容；
3. 海洋工程项目招投标管理。

海洋工程项目采购是海洋工程项目实施的重要前提之一。海洋工程项目实施所需要的原材料、设备及其他相关物品都需要通过海洋工程项目采购来完成，海洋工程项目的实施情况也与海洋工程项目采购联系紧密，因此，在海洋工程项目管理中对海洋工程项目采购的管理是十分重要的，采购管理是海洋工程项目管理的重要环节之一。本章将就海洋工程项目采购的基本内容、招投标管理、海洋工程项目采购的发展趋势分别展开论述。

10.1 海洋工程项目采购的概述

10.1.1 海洋工程项目采购的含义

采购（purchasing）是指企业在一定的条件下从供应市场获取产品或服务作为企业资源，以保证企业生产及经营活动正常开展的一项企业经营活动。海洋工程项目采购是指为实现海洋工程项目目标，从海洋工程项目组织外部获取资源（产品与服务）的过程，是以合同方式有偿取得货物、海洋工程和服务的市场行为。

海洋工程项目采购按含义来分，有广义与狭义之分。狭义的海洋工程项目采购是指购买海洋工程实施所需要的材料、设备等物资。广义的海洋工程项目采购则包括委托设计单位、委托咨询服务单位、海洋工程施工任务的发包等。

项目管理协会（PMI）对项目采购的定义是：为达成项目范围的工作而从执行组织外部获取货物和服务的各种过程。因此，项目采购的对象并不一定是项目所需材料，还有可能包括海洋工程、服务等。

10.1.2 海洋工程项目采购的分类

按采购对象来分，海洋工程项目采购可分为海洋工程采购、货物采购和服务采购，具体如下。

（1）海洋工程采购是指选择海洋工程承包单位进行建筑物和构筑物（如桥梁、房屋、厂房、港口、高速公路和水电站等）的新建、改建、扩建、安装、装修、拆除、修缮以及提供相应的人员培训、维修等服务。海洋工程采购属于有形采购,这类采购一般通过招标完成。

（2）货物采购是指选择海洋工程项目建设所需物资和材料供应单位,供应生产设备、建筑材料（钢材、水泥、木材等）、燃料、施工机械、仪表、办公设备,以及提供相应的运输、保险、安装、调试、培训、初期维修等服务。这类采购属于有形采购,既可通过招标完成,也可通过询价完成。

（3）服务采购是指聘请咨询单位或咨询专家为海洋工程项目投资建设全过程管理提供专业化智力服务。服务的范围很广,包括海洋工程项目决策咨询服务、设计咨询服务、招标投标服务、建设管理服务、施工监理服务、技术援助服务等。服务采购属于无形采购,最终获得的不是实物而是服务。其中咨询服务存在于海洋工程项目的整个生命周期。

10.1.3　海洋工程项目采购的原则

采购的目的是通过适当的采购程序和采购方法,经济、高效地获得满足要求的采购对象。为了实现这个目的,需要通过适当的竞争性采购程序,并且要保证采购过程的公开、公平和公正,即采购的基本原则是公开、公平和公正。

世界银行也在其贷款海洋工程项目采购指南中提出,要向所有合格的投标人提供同样的信息和平等的机会,要保证采购过程的透明性,这些要求正是公开、公平和公正的体现。

海洋工程项目采购活动应坚持公开、公平、公正和诚实信用的基本原则。

（1）公开透明原则

采购信息、采购过程及结果应做到公开透明。采用公开招标方式,应保证招标活动信息的公开、开标程序的公开、评标标准和程序的公开以及中标结果的公开。

（2）公平竞争原则

各竞争者享有的地位和待遇应是相同的,不应因利益关系的存在而区别对待。例如,招标方应向所有的潜在投标人提供相同的招标信息,招标方对招标文件的解释和澄清应提供给所有的投标人,提供投标担保的要求应同样适用于每一个投标者,等等。

（3）公正原则

公正指的是评价标准应是一致的,招投标活动应按照规定程序和事先公布的标准进行。招标人、投标人都应遵循法定规则,不可有不正当的竞争行为。

（4）诚实信用原则

诚实信用指的是参与各方都应该诚实守信,恪守合同,不得有欺诈、违约的行为。

10.1.4　海洋工程项目采购的程序

海洋工程项目采购应遵循以下程序:

（1）根据海洋工程项目采购策划,编制海洋工程项目采购执行计划;

（2）采买;

（3）对所订购的设备、材料及其图纸、资料进行催交;

（4）依据合同约定进行检验;

（5）运输与交付；

（6）仓储管理；

（7）现场服务管理；

（8）采购收尾。

10.1.5　海洋工程项目采购的内容

海洋工程项目采购通常包括以下内容：

（1）设置采购部门，制定采购管理制度。

（2）进行采购需求分析，确定需要采购的内容和采购时间。

（3）明确海洋工程项目范围和目标。明确界定拟采购海洋工程项目的范围，对投资、质量、进度计划进行优化和调整。

（4）确定是否需要招标代理，如果需要，则应准备选择招标代理机构的文件；如果不需要，应向有关政府行政监督部门备案。

（5）确定海洋工程项目是否需要将合同分段打包，如需要，应确定划分方案，并为每一个合同包确定合同形式。

（6）选择合同条件。目前，我国境内招标海洋工程项目可参照使用 2008 年九部委联合发布的《标准施工招标资格预审文件》和《标准施工招标文件》。境外和我国境内的国际海洋工程项目可参照使用 FID-IC 合同条件。

（7）根据海洋工程项目的特点和要求预测潜在的供应方。

（8）针对具体海洋工程项目的性质、投资规模，选择合适的采购方式，并进行风险分析。

（9）编制采购管理计划，包括：采购工作范围、内容及管理要求，采购信息（包括产品或服务的数量、技术标准和质量要求），检验方式和标准，供应方资质审查要求，采购控制目标和措施等。

（10）根据海洋工程项目采购内容、采购方式编制海洋工程项目采购文件。

（11）做好采购计划的执行、跟踪和修正。

10.2　海洋工程项目采购管理的主要内容

10.2.1　项目采购管理的概述

项目采购管理的含义在国内外不尽相同，以下是较为主流的含义：

美国项目管理协会（PMI）对项目采购管理的定义是：管理采购关系，监督合同绩效，以及采取必要的变更和纠正措施的过程。

中国项目管理知识体系中对项目采购管理的定义是：项目采购管理是项目管理的一个重要领域，是对采办过程的管理，包括采购规划、采购招标、合同管理、合同收尾等过程。

《建设项目工程总承包管理规范》（GB/T 50358—2017）中对于项目采购管理的描述

如下：

（1）海洋工程项目采购管理应由采购经理负责，并适时组建海洋工程项目采购组。在海洋工程项目实施过程中，采购经理应接受海洋工程项目经理和海洋工程总承包企业采购管理部门的管理。

（2）采购工作应按海洋工程项目的技术、质量、安全、进度和费用要求，获得所需的设备、材料及有关服务。

（3）海洋工程总承包企业宜对供应商进行资格预审。

10.2.2　海洋工程项目采购计划的编制

凡事预则立，不预则废。海洋工程项目的采购管理也应该制订详细的规划。海洋工程项目采购计划的编制是采购管理的基础与前提。

10.2.2.1　采购计划的主要内容

海洋工程项目采购计划的主要工作包括采购需求分析，识别供货来源，风险管理计划，确定采购文件、评标办法和中标条件，制定采购实施进度表，具体如下。

（1）进行采购需求分析。确定需要采购的海洋工程、货物和咨询服务，为了达到经济高效的目的，在采购前应首先确定哪些是必须采购的，进而确定采购产品的质量要求和采购方式，并将需要采购的海洋工程、货物和咨询服务列出清单。

（2）识别供货来源。根据市场调查分析掌握有关采购内容的最新国内外行情，分析投标商的兴趣，鉴别可能投标的咨询公司、承包商和供货商，为确定采购方式做好准备。

（3）风险管理计划。在识别供货来源，确定采购方式后进行风险分析，并做出风险管理计划。

（4）确定采购文件，即编制招标文件和合同文件等。为了减少差错，减少编制的工作量，最好采用有关部门的标准招标文件和合同文件，如我国的招标文件范本、合同文件范本或 FIDIC 的合同条件。

（5）确定评标办法和中标条件。依据我国相关的法律、法规，确定招标项目的评标办法和中标条件。

（6）制定采购实施进度表。

① 根据海洋工程项目的具体情况和要求，制订采购进度计划，包括采购任务的时段划分、先后顺序、相关部门和人员的责任分工等。

② 根据采购的方式，确定每个合同的公告日期、投标截止日期、签约日期、开工日期、交货日期、竣工日期等，并应定期予以修订。

③ 对于多个合同的界面，要特别注意各个合同之间的衔接，一般应以重要的控制日期作为里程碑日期。同时还要考虑相关海洋工程项目之间的关系、海洋工程项目实施的安排及资金的运作等。如采购过早，提前用款，则要支付利息，增加贷款成本；过迟则有可能影响海洋工程项目执行，必要时还需要采取加速采购的措施和提前签订合同。因此，要权衡利弊，做出统筹安排。

采购过程应按法律、法规和规定程序,依据工程合同需求采用招标、询价或其他方式实施。符合公开招标规定的采购过程应按相关要求进行控制。

10.2.2.2 编制采购计划应考虑的因素

编制海洋工程项目采购计划应考虑的因素包括合理划分合同标段,做好采购准备工作,注意采购计划的跟踪和修正,具体如下。

(1)合理划分合同标段

海洋工程项目合同标段的划分,应根据市场结构、潜在投标人的数量和竞争力、供货能力或施工力量以及建设单位的管理能力等,经过慎重的调查研究和分析对比,决定合同标段划分数量和大小。对于规模较大、专业技术面广、工期紧迫的海洋工程项目,可划分为几个合理的标段进行招标。

对于采用国际竞争方式招标的海洋工程,通常不宜分标过多,以防合同金额过小,不利于吸引国际上实力雄厚的承包商和供货商参与投标。

(2)做好采购准备工作

海洋工程项目的采购,特别是大型、复杂的海洋工程项目采购,从发布招标公告到签订合同往往需要较长时间,如果采用国际竞争性招标则需要时间会更长。因此,应尽早做好采购准备工作。一般在海洋工程项目立项阶段,就要讨论海洋工程项目中需要采购哪些海洋工程、货物和咨询服务,从而制订初步的采购计划。在海洋工程项目准备阶段就要确定采购分标或合同包的划分以及采购方式、组织管理等问题,做出详细的采购计划,如采用招标方式,并着手进行资格预审,同时准备招标文件,以便使海洋工程项目立项、海洋工程项目采购与设计施工等环节合理衔接,统筹安排。

(3)注意采购计划的跟踪和修正

在海洋工程项目采购计划执行过程中,应对计划执行情况进行跟踪检查,将实际效果与计划安排相比较,随时关注采购计划在采购方法、时序安排、合同分标等方面的适用性,在选聘采购单位的过程中是否出现偏差。如果海洋工程项目的某个合同包的采购出现了计划延误,而对其他相关合同的授予和产品的交付产生影响,就应及时分析原因,对原计划进行调整或修正,以提高采购的效率和效益。

采购计划应经过相关部门审核,并经授权人批准后实施。必要时,采购计划应按规定进行变更。

10.3 海洋工程项目的采购方式

10.3.1 海洋工程项目采购方式的发展趋势

(1)采购手段的变化

随着信息技术的不断发展,利用网络平台进行采购招标的各项工作已经成为现实,并将愈来愈得到更加广泛的应用。目前,利用互联网发布招标信息和公告已经非常普遍,而在网上进行资格审查、购买招标文件、递交投标文件等也已经逐渐为人们所接受。由于其具有成本低、速度快、保密性好等特点,因此将成为海洋工程项目采购的一个重要发展方向。

（2）海洋工程建设管理和海洋工程任务委托模式的变化

近年来,海洋工程建设行业发生的变化主要体现在:

① 大中型海洋工程项目投资和经营的私有化进程的发展。

② 业主更多地希望设计和施工紧密结合,倾向设计＋施工(design＋build,或称 design＋construction,即我们常说的海洋工程项目总承包)的方式发包;希望建筑业提供形成建筑产品的全过程服务,包括海洋工程项目前期策划和开发,以及设计、施工,以至物业管理(facility management)的服务。

③ 建筑业在海洋工程项目融资和经营方面参与程度的加剧。

④ 建筑市场的全球化进程和建筑市场竞争的加剧。

⑤ 从机械制造业、汽车工业引进改变建筑产品生产组织的模式。

⑥ 在设计、施工、建筑材料和建筑设备的技术领域中不断出现创新。

⑦ 建筑公司(即我们俗称的建筑施工、安装企业)功能的变化。

⑧ 设计事务所(设计公司)、建筑公司和咨询公司内部管理的变化。

⑨ 信息技术的迅速发展对建筑业的影响。

此外,还出现了不少新型的发包模式,如:

⑩ D＋D＋B(develop＋design＋build),即受委托方负责海洋工程项目前期决策阶段的策划、设计和施工。

⑪ D＋D＋FM(design＋build＋facility management),即受委托方负责海洋工程项目的设计、施工和物业管理。

⑫ F＋P＋D＋B＋FM(finance＋procurement＋design＋build＋facility management),即受委托方负责海洋工程项目的融资、采购、设计、施工和物业管理。

（3）海洋工程的项目集成交付模式

项目集成交付(integrated project delivery,IPD) 被美国建筑师协会定义为:一种项目交付方法,即将人员、系统、业务和实践整合到一个流程中,所有参与者充分利用智慧和实践经验,在海洋工程项目所有阶段优化、改善建造流程,通过减少浪费为海洋工程项目增加价值,最大限度地提高海洋工程项目整体效率与价值。

与传统采购模式不同,IPD 模式作为一种新的交付方法,在各个参与方介入时间、风险与收益管理、合同、决策制定和参与方免责等方面有着其独特的特点。IPD 作为一种新的海洋工程项目交付模式,在国外已经有不少成功的案例和宝贵经验。国外许多建设海洋工程项目都已采用 IPD 模式进行交付,显著加强了海洋工程项目各方的合作,减少了海洋工程项目纠纷的数量,增加了海洋工程项目各方的收益,并且在总体上提高了海洋工程项目的价值。IPD 模式是一个基于信任和集成的、面向参与方的交付模式,它致力于改善传统海洋工程项目交付模式下各参与方之间的对立关系,尽可能地减少索赔的产生。因此,IPD 有其显著的优越性,而在实际过程中推广和应用 IPD 模式对我国海洋工程项目管理具有重要的意义。

10.3.2 深中通道(深圳至中山跨江通道)项目物资设备采购管理

10.3.2.1 总则

为进一步加强和规范深中通道项目物资设备采购、供应和管理工作,界定职责、明确流程,满足工程质量、工期和投资控制要求,深中通道管理中心(以下简称"管理中心")根据国家法律法规和交通运输部相关规定,结合深中通道工程特点,制定本办法。

物资设备采购管理遵循"源头把关、过程控制、精细管理"的原则,以"保证质量、控制价格、保障供应"为核心,对物资设备采购实行分类管理、分级负责、专业服务、统筹供应。

本办法所称物资设备是指用于深中通道工程施工的主要材料、半成品、成品、构配件、器具和设备等。

深中通道建设中所需的"甲控物资设备"和"承包人自购物资设备"的管理均使用本办法,"甲供物资设备"将结合项目实施情况另行补充制定专用管理办法(如需要),承包人、设计人、监理人、供应商(指物资设备供应厂商,下同)等参建单位均应遵守本办法。

10.3.2.2 物资设备分类及范围

深中通道工程物资设备可分为甲控物资设备、自购物资设备两类:

(1)甲方控制物资设备简称甲控物资设备,指在工程招标文件和合同中约定,或根据国家和交通运输部相关规定,在管理中心监督下由承包人采购的物资设备,主要是指对工程质量、安全和造价有直接影响的大宗通用物资设备。其包括但不限于水泥、粉煤灰、矿粉、地材、外加剂、钢筋、钢绞线、橡胶止水带、桥梁支座、锚具、伸缩缝、阻尼器、抽湿设备、主体结构内重要预留预埋构件、重要机电设备、电缆等,具体以招标文件(合同文件)规定及管理中心另行发文要求为准。

(2)乙方自行采购物资设备简称自购物资设备,指在工程招标文件和合同中约定,由承包人自行采购的物资设备,即未包括在甲控物资设备范围内的其他物资设备。

承包人不得违反工程承包合同进行物资设备跨类采购,确需调整采购方式的,必须报管理中心批准,否则不予计价,由此造成的一切损失和后果由承包人自行承担。各参建单位擅自违约采购或者不按规定采购物资设备,除监理人禁止其在本工程使用和不予计量支付外,管理中心还将追究其违约责任。

10.3.2.3 组织机构及职责

(1)管理中心职责

① 负责物资设备监督管理工作,监督承包人建立物资设备采购供应管理体系和质量控制管理体系,确保物资设备质量。

② 制定物资设备采购管理的有关制度和办法,指导、检查有关参建单位的物资设备管理工作。

③ 建立物资设备管理机构,保证相关政策及制度的落实,各部门按照职责进行管理。

（2）管理中心各部门主要职责

工程管理部（包括桥梁工程部、岛隧工程部）、总工办（交通工程）作为管理中心物资设备（甲控和自购）采购管理的主办部门，主要负责：

① 审查承包人提交的甲控物资设备的总体（年度）采购计划、供应商短名单申报文件、评选（评标）文件和报告。

② 监督比选（招标）全过程，并监督采购合同的履约情况。

③ 监管物资设备的质量控制，督促承包人、监理人按照有关规定开展物资设备的进场检验及保管工作。

④ 协助承包人做好进口物资设备的报关、商检等工作。

⑤ 对自购物资设备的计划、采购、质量等进行监管。

总工办负责对工程土建部分的物资设备的性能指标与技术要求进行审核，配合主办部门完成甲控物资设备的技术审查工作；计划合同部主要负责配合对物资设备采购计划、选聘/比选（招标）文件（商务部分）、选聘/比选（评标）文件和报告进行审查，配合监督物资设备采购合同的履行；财务部依据财务管理办法和资金监管协议，负责并监管工程款的支付、流向（含外汇管理，如有）等工作。

（3）监理人（含试验检测中心）职责

① 负责审查承包人提交的甲控物资设备的总体（年度）采购计划、供应商短名单申报文件、评选（评标）报告；负责监督比选（招标）全过程，并监督采购合同的履约情况；审查承包人提交的自购物资设备供应商资质、技术要求、供应计划等。

② 核实到场物资设备与采购合同的一致性。参与现场物资设备的开箱检查、验收，签署验收单证，确认丢件、损件、缺件数量及物资设备质量状况。

③ 审查所有进场材料、构配件和设备生产厂家提供的质量证明文件和相关资料。督促承包人对进场材料、构配件、设备按规定进行检验测试，并对其检验测试予以审核和签认。

④ 按规定比例对承包人的抽样试验进行见证试验或者平行试验。

⑤ 协调、处理设备安装、调试、测试及交验过程中的有关问题。

⑥ 对未经监理人验收或者验收不合格的材料、构配件和设备，监理人应拒绝签认、签发验收记录和准用通知单，及时通知、督促承包人单独保管，严禁在工程中使用和安装，并限期撤出现场。

（4）设计人职责

① 按照管理中心制定的甲供物资设备目录，提供物资设备清单，明确技术要求并提供供招标用的技术文件，独立计算物资设备购置费用和相关费用，提供物资设备进场建议计划，为甲供物资设备招标采购提供基础资料。

② 配合管理中心对承包人上报的采购计划中甲控物资设备的品种、数量、规格、技术标准进行审查，如发现与设计不符，协助管理中心组织研究处理。

③ 对重要物资设备的采购与招标进行技术交底，参与重要物资设备的检查验收。

（5）承包人职责

① 根据合同约定及本办法规定，设立专门的物资设备管理机构，负责甲控和自购物资

设备的采购工作;各标段须配两至三名责任心强的专职材料员,负责材料供应计划、现场材料验收及保管发放等工作。各标段承包人进场后五天内,应按规定将有关人员资料经监理审查签名后报送业主备案。各标段材料员在获得标段海洋工程项目经理授权后,可直接与海洋工程项目材料员联系有关材料的供应事宜。承包人若需变更材料管理员必须补办手续及登记。

② 负责编制并提交甲控物资设备的总体(年度)采购计划、供应商短名单申报文件、选聘/比选文件、评选(评标)报告;负责组织比选(招标),并履行采购合同;负责编制并提交自购物资设备供应商资质、供应计划、技术要求。

③ 建立健全物资设备的质量管理体系,严格执行交通运输部、管理中心物资设备管理的各项规章制度。严格按照技术标准、设计要求和采购合同的质量条款对物资设备进行检验、验收。所使用的物资设备必须经过监理人的审核和签认。

④ 使用或安装物资设备前,必须按规定进行检测、检验、化验。相关原始依据、供应商提供的合格证和质量证明文件等资料是工程交竣验收的重要依据,必须妥善保管。

⑤ 随时接受监理人(含试验检测中心)、管理中心等单位对物资设备采购、储存、使用、质量管理等方面的监督检查。对监督检查中发现的问题要立即整改。拒不整改的,将被管理中心视为违约并按合同规定给予处罚。

(6) 供应商职责

① 建立健全物资设备的质量管理体系。

② 按合同约定,按时、保质、保量提供物资设备。

③ 接受管理中心及相关单位物资管理部门对合同物资设备供应的合法性进行监督与计划协调。

④ 接受按物资设备管理规定进行的检查、验收,当所验收的物资设备存在与所签合同不符等问题时,承担相应责任。

⑤ 对于甲控物资设备,供应商应根据供应计划,按照合同约定,保质、保量、按时向承包人指定地点供应物资设备,接受按物资设备管理规定进行的检查、验收。

⑥ 接受上级主管部门的检查。

承包人、监理人、供应商等由于自身原因而导致停工待料、质量事故、经济损失,应承担相应责任。

10.3.2.4 甲控物资设备采购计划编制要求及申报审批流程

(1) 总体采购计划的编制要求

① 承包人在签订合同后 30 天内或在合同规定的时间内,完成甲控物资设备总体采购计划的编制,并上报监理人和管理中心审批。

② 承包人应在甲控物资设备总体采购计划中列明总工期内工程需要甲控物资设备的海洋工程项目及规格型号、技术标准、采购数量、采购方式以及采购节点计划等内容。总体采购计划申报文件按下列顺序装订:

a. 编制说明;

b. 总体采购计划申请表；

c. 总体需用量核算表；

d. 甲控物资设备技术标准和要求；

e. 其他。

（2）总体采购计划的申报审批流程

① 承包人在规定的时间内，根据已批复的总体计划和工程实际需求，编制甲控物资设备总体采购计划（一式五份），上报监理人。

② 监理人对总体采购计划进行审查，审查内容主要包括甲控物资设备是否齐全，采购数量是否属实，采购计划是否满足海洋工程项目总体需求。审查通过后由总监理工程师审批，并上报管理中心工程管理部。

③ 管理中心工程管理部在收到经监理人审批的总体采购计划后，首先由主办人对其符合性进行审查。符合性审查通过后，由工程管理部组织管理中心相关部门对总体采购计划中的品种、规格、数量、计划、技术标准进行审查。

④ 管理中心工程管理部综合各部门审查意见，形成对总体采购计划的书面审批意见，经部门会审，分管领导批准后，以管理中心发文形式印发监理人和承包人。

⑤ 总体采购计划获得监理人和管理中心的批准后，管理中心工程管理部、计划合同部、监理人、承包人各存档 1 份。

（3）年度采购计划的编制要求

① 承包人应在每年度 10 月 20 日前，完成甲控物资设备年度采购计划的编制，上报监理人和管理中心审批。首次甲控物资设备年度采购计划应在总体采购计划审批后 10 天内上报。

② 甲控物资设备年度采购计划的时间跨度为本年度 12 月 20 日至下年度 12 月 20 日。采购计划应包含该年度内甲控物资设备的采购海洋工程项目、规格型号、采购数量、采购方式以及采购节点计划等相关内容。文件按下列顺序要求装订：

a. 编制说明；

b. 年度采购计划申请表；

c. 年度需用量核算表；

d. 其他。

（4）年度采购计划的申报审批流程

承包人应在规定的时间节点前，根据年度计划，结合工程实际需求，编制甲控物资设备年度采购计划（一式五份）。年度采购计划的申报审批流程参照相关规定进行。

除设计变更造成甲控物资设备增减外，年度施工计划不作调整时，原则上不对甲控物资设备采购计划进行调整。对因设计变更而引起的甲控物资设备品种、规格、数量等的变化，采购行为尚未发生的，应及时调整采购计划，采购行为已经发生的，由采购合同签约双方协商解决。

10.3.2.5　采购程序及监管要求

承包人应充分考虑本办法各程序所需的审查审批时间要求，合理安排工作计划，做好物资设备采购管理与主体工程施工的衔接、协调、配合工作,由此引起的主体工程施工的延误由承包人自行负责。

采购程序由承包人根据相关法律法规及本单位的规定并经管理中心同意后自行组织,采购结果报监理人、管理中心审批,经管理中心批复同意后的材料、设备方可使用。管理中心对采购程序、招标评选文件及结果拥有最终决定权和否决权。管理中心有权视情况参与调研、派员对采购过程进行监督、抽查采购过程资料等。采购结果申报文件至少应包括以下内容:

(1) 拟采购物资设备名称、需求量及使用范围;

(2) 对物资设备供应商的市场调研(调查)情况;

(3) 选择该供应商的程序或理由;

(4) 拟确定的各供应商资质、业绩、财务能力、产品质量、供应能力等其他证明其位于同类行业前列的依据材料;

(5) 依据综合实力确定的优先顺序排名。

采购结果报备无异议后,承包人应与供应单位签订合同。甲控物资设备供应合同签订后 5 个工作日内报监理人备案(一副本)和管理中心备案。如承包人选定的供应单位因供应的规格、数量等不能满足工程所需,需要更换供应单位时,只能更换为经监理人审批的备用品牌或供应商,并应事先取得监理人和发包人的书面同意,在办理有关手续后更换,但不因此免除承包人的责任。

凡需报管理中心(监理人)审查审批(或备案)的各类文件,对资料齐全、符合质量要求的文件,管理中心(监理人)应在收到文件起 10 个工作日内予以审查审批(或备案);管理中心(监理人)未能在此时间要求内完成审查审批(或备案)的,视为管理中心(监理人)同意,比选工作可进入下一程序。

凡需报管理中心(监理人)审查审批(或备案)而承包人未办理有关手续的,或未经管理中心(监理人)审查审批(或备案)而承包人直接选定供应商或签订物资设备供应合同的,视为承包人违约行为,按相关合同文件规定处理。

管理中心有权根据需要对涉及外观需要统一、今后需要维护保养、全线资源需要统一配置的物资设备组织各承包人统一采购。如多个标段一起统筹采购,管理中心根据承包人申报的甲控采购计划,协调各承包人比选采购计划,合理划分物资设备清单,协调确定比选牵头单位,承包人应予积极配合。

对于工程施工所需的地材(碎石、砂),承包人可自行决定采购方式,但在采购工作开展之前至少 28 天应将供应方案(包括采购的品种和数量、供应商名单、选择该供应商的理由、质量证明文件、供货计划等)报监理人和管理中心审查,管理中心有权根据实施情况予以调整,并具有最终否决权。

对于除甲控物资设备和工程地材(碎石、砂)之外的其他物资设备,承包人应将各项物资设备的供应商及品种、规格、质量证明文件、数量和供货计划等报监理人和管理中心备案。承包人在确定物资设备采购品牌或供应商时,应根据质量、服务等综合因素同时选定主选品牌或供应商、备选品牌或供应商。

10.3.2.6 催货、运输、接收和交验

承包人应按施工组织要求的物资设备供应基点,设置符合相关物资储存标准的材料厂(库)。材料厂(库)的库容要满足储存水泥不少于 15 天,其他材料储存不少于 12 天的要求。

物资设备催运:甲控、自购物资设备由承包人负责催运。

物资设备接收:物资设备到达合同指定地点后,承包人负责卸货、初验和收货。若发现物资设备被盗或包装破损,应找承运人做好货运记录,并及时通知合同签订单位、监理人核实,由合同签订单位组织向有关部门索赔,承包人不得拒卸拒收。凡承包人拒卸拒收或迟卸迟收造成的损失由承包人负责。

物资设备验收:

(1)物资设备由承包人海洋工程项目部组织现场监理进行检查验收,同时承包人必须在监理人的监督下按规定进行抽检。验收内容包括物资设备的规格、型号、数量、品种、检测报告、合格证书、质量保证承诺、外观质量等,属于行政许可或强制认证的,应检查行政许可或强制认证证书。管理中心有权对甲控物资设备、承包人自购物资设备的质量随时进行抽验。

(2)验收时,验收人应做好原始记录。验收记录或交验清单一式四份,承包人、监理人、供应商、管理中心各执一份。验收结论必须由承包人、监理人共同签字方可生效。

(3)当所验物资设备存在与所签合同不符等问题时,由合同签订单位或其委托的代理商与供应商及时解决。除甲供物资设备外,不合格的物资设备由供应商自行处置,并由供应商承担由此造成的一切损失。

10.3.2.7 质量管理

监理人和承包人在各自的职责范围内对物资设备的质量负责,要建立健全的质量保证体系,明确物资设备采购供应管理中各环节责任人及其责任,把好采购、运输、验收、保管等关口,坚决杜绝不合格物资设备进入施工现场。

建立健全的物资设备质量跟踪追溯制度。各相关单位在物资设备接转过程中必须填制物资设备质量记录单,全过程记录物资设备从厂家到最终使用的质量状况,保证产品质量的追溯性。

应针对不同物资设备建立质量监测系统,特别是要做好技术引进的新产品、新设备、新系统的质量监测。

监理人要加强物资设备质量的管理和检查监督,定期对物资设备质量状况进行评估、总结。

承包人和监理人必须依据工程设计、施工技术要求和合同约定,按国家、交通运输部等颁布的相关标准和要求,对进场物资设备进行检测、检验、化验。承包人无能力检测、检验、化验的物资设备,必须委托省级及以上权威质检机构进行检测、检验和化验。只有经检验合格、监理人批准的物资设备才允许进场和投入工程使用。

供应商必须做好物资设备采购供应全过程的质量监控,加强原材料采购、生产管理、产品检验检测、包装和售后服务工作。

承包人、供应(生产)商对监理人的检验结果有异议且不能达成一致时,由管理中心选定的第三方质量检测机构做出最终裁定。

物资设备如在工程使用过程中,经检验、检测发现存在质量问题时,承包人应立即停止使用,并不得进行下一道工序的施工。

10.3.2.8 合同价款结算、支付与监督

合同价款结算:除甲供物资设备外,由承包人按照有关规定和合同要求,自行承担并进行价款结算与支付。

为确保物资设备价款的顺利结算,管理中心须建立物资设备价款结算的监督机制。如供应商按合同逾期未能从买方得到货款并经催办、协商无效后,可及时向管理中心投诉,管理中心督促买方及时付款,督促无效后管理中心有权直接扣除该结算部分货款支付给供应商。

10.3.2.9 奖励与处罚

由于物资设备采购、供应与管理等原因而导致工程质量、安全、投资、工期等出现问题时,管理中心根据合同及有关规定追究相关单位和人员的责任,并给予相应处罚,具体奖罚规定将依据管理中心颁发的"深中通道优质优价管理办法"另行制定。

10.4 海洋工程项目招投标管理

海洋工程项目招投标是海洋工程项目采购管理的重要环节之一,招投标的管理对于实现海洋工程项目采购的预期效果也具有重要的意义。

10.4.1 海洋工程项目招投标的概述

招标投标是市场经济中一种重要的商品交易方式,是在市场经济条件下进行大宗货物买卖、海洋工程项目承发包以及海洋工程项目采购时,所采用的一种交易方式。海洋工程项目招标是指项目的建设单位在发包海洋工程项目、购买机器设备或合作经营某项业务时,通过一系列程序选择合适的承包商或供货商以及其他合作单位的过程。海洋工程项目投标是指投标人利用报价及其他优势来参与竞争销售自己的商品或提供服务的交易行为。

10.4.2 海洋工程项目招标的范围及方式

(1)海洋工程项目招标的范围

根据《中华人民共和国招标投标法》(以下简称《招标投标法》)第三条规定,下列海洋工程建设项目的勘察、设计、施工、监理以及与海洋工程建设有关的重要设备、材料等的采购,必须进行招标采购:

① 大型基础设施、公用事业等关系社会公共利益、公众安全的海洋工程项目;

② 全部或者部分使用国有资金投资或者国家融资的海洋工程项目;

③ 使用国际组织或者外国贷款、援助资金的海洋工程项目。

(2)海洋工程项目招标的方式

世界银行采购指南规定,海洋工程项目招标可以采取国际竞争性招标、有限国际招标、

国内竞争性招标、询价采购、直接签订合同和自营海洋工程等采购方式。其中国际竞争性招标和国内竞争性招标都属于公开招标,而有限国际招标则相当于邀请招标,直接签订合同则是针对单一来源的采购。

根据《招标投标法》第十条规定,我国的招标方式分为公开招标和邀请招标。公开招标,是指招标人以招标公告的方式邀请不特定的法人或者其他组织投标。邀请招标,是指招标人以投标邀请书的方式邀请特定的法人或者其他组织投标。

10.4.3　海洋工程项目招标的基本程序

在我国,海洋工程项目招标的基本程序都是类似的,如图 10-1 所示。

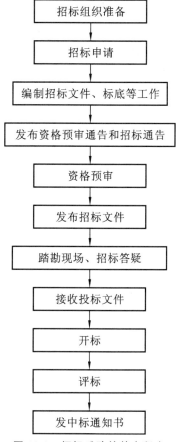

图 10-1　招标采购的基本程序

10.4.3.1　招标采购的基本工作

（1）成立招标组织

应当招标的海洋工程建设项目在办理报建登记手续后,已满足招标条件的,应成立招标的组织,即由专门的机构负责组织招标,办理招标事宜,也可以由建设单位自行组织招标或委托招标代理公司组织招标投标活动。

招标人不具备自行招标能力的,应当委托具备相应资质的招标代理机构代为办理招标事宜。根据《招标投标法》第十二条规定:"招标人有权自行选择招标代理机构,委托其办理招标事宜。任何单位和个人不得以任何方式为招标人指定招标代理机构。"

关于招标代理机构,《招标投标法》第十三条规定,招标代理机构是依法设立、从事招标代理业务并提供相关服务的社会中介组织。招标代理机构应当具备以下条件:

① 有从事招标代理业务的营业场所和相应资金;

② 有能够编制招标文件和组织评标的相应专业力量;

③ 有符合规定条件、可以作为评标委员会成员人选的技术、经济等方面的专家库。

(2)办理招标备案手续和招标申请

根据《招标投标法》第十二条规定:"依法必须进行招标的项目,招标人自行办理招标事宜的,应当向有关行政监督部门备案。"

计划招标的项目在招标之前需要向政府主管机构提交招标申请,包括招标单位的资质、招标海洋工程具备的条件、拟采用的招标方式和对投标人的要求等。

(3)编制招标文件和标底

建设单位自行组织招标的,一般由建设单位自行准备招标文件。委托招标代理公司招标的,一般由招标代理公司准备招标文件。

招标文件是投标单位编制投标书的主要依据。采购招标的内容(标的)不同,其招标文件的内容也有所区别。对施工招标文件,其主要内容一般有:

① 投标邀请书;

② 投标人须知;

③ 合同主要条款;

④ 投标文件格式;

⑤ 采用海洋工程量清单招标的,应当提供海洋工程量清单;

⑥ 技术条款;

⑦ 设计图纸;

⑧ 评标标准和方法;

⑨ 投标辅助材料等。

10.4.3.2 发布招标公告和发出投标邀请书

(1)发布招标公告

根据《招标投标法》第十六条规定:"招标人采用公开招标方式的,应当发布招标公告。依法必须进行招标的项目的招标公告,应当通过国家指定的报刊、信息网络或者其他媒介发布。"

(2)发出投标邀请书

根据《招标投标法》第十七条规定:"招标人采用邀请招标方式的,应当向三个以上具备承担招标项目的能力、资信良好的特定的法人或者其他组织发出投标邀请书。"

10.4.3.3　对投标单位进行资质审查,并将审查结果通知各申请投标者

根据《招标投标法》第十八条规定:招标人可以根据招标项目本身的要求,在招标公告或者投标邀请书中,要求潜在投标人提供有关资质证明文件和业绩情况,并对潜在投标人进行资格审查;国家对投标人的资格条件有规定的,依照其规定。招标人不得以不合理的条件限制或者排斥潜在投标人,不得对潜在投标人实行歧视待遇。

资格预审文件一般应当包括资格预审申请书格式、申请人须知,以及需要投标申请人提供的企业资质、业绩、技术装备、财务状况和拟派出的项目经理与主要技术人员的简历、业绩等证明材料。

根据《海洋工程建设项目施工招投标办法》第十九条规定:经资格预审后,招标人应当向资格预审合格的潜在投标人发出资格预审合格通知书,告知获取招标文件的时间、地点和方法,并同时向资格预审不合格的潜在投标人告知资格预审结果。资格预审不合格的潜在投标人不得参加投标。经资格预审不合格的投标人的投标应作废标处理。

10.4.3.4　发售招标文件

招标文件、图纸和有关技术资料发放给通过资格预审获得投标资格的投标单位。不进行资格预审的,发放给愿意参加投标的单位。

10.4.3.5　组织投标单位踏勘现场,并对招标文件进行答疑

根据《招标投标法》第二十一条规定:"招标人根据招标项目的具体情况,可以组织潜在投标人踏勘项目现场。"

（1）招标人的工作

招标文件发售后,招标人要在招标文件规定的时间内组织投标人踏勘现场并对潜在投标人针对招标文件及现场提出的问题进行答疑。招标人组织投标人进行踏勘现场的主要目的是让投标人了解海洋工程现场和周围环境情况,获取必要的信息。

（2）投标人的工作

投标人拿到招标文件后,应进行全面细致的调查研究。若有疑问或不清楚的问题需要招标人予以澄清和解答的,应在收到招标文件后的一定期限内以书面形式向招标人提出。为获取与编制投标文件有关的必要的信息,投标人要按照招标文件中注明的现场踏勘和投标预备会的时间和地点,积极参加现场踏勘和投标预备会。

投标人在去现场踏勘之前,应先仔细研究招标文件有关概念的含义和各项要求,特别是招标文件中的工作范围、专用条款以及设计图纸和说明等,然后有针对性地拟订出踏勘提纲,确定重点需要澄清和解答的问题,做到心中有数。

（3）对投标疑问的解答

如果投标人对招标文件或者在现场踏勘中有疑问或有不清楚的问题,应当用书面的形式要求招标人予以解答。招标人收到投标人提出的疑问或不清楚的问题后,应当给予解释和答复,并将解答内容同时发给所有获取招标文件的投标人。

10.4.3.6 投标人编制投标文件

根据《招标投标法》第二十四条规定:"招标人应当确定投标人编制投标文件所需要的合理时间;但是,依法必须进行招标的项目,自招标文件开始发出之日起至投标人提交投标文件截止之日止,最短不得少于二十日。"

10.4.3.7 签收投标文件

根据《招标投标法》第二十八条规定,招标人收到投标文件后,应当签收保存,不得开启。在招标文件要求提交投标文件的截止时间后送达的投标文件,招标人应当拒收。

根据《海洋工程建设项目施工招标投标办法》第三十八条规定,投标人应当在招标文件要求提交投标文件的截止时间前,将投标文件密封送达投标地点。招标人收到投标文件后,应当向投标人出具标明签收人和签收时间的凭证,在开标前任何单位和个人不得开启投标文件。

提交投标文件的投标人少于3个的,招标人应当依法重新招标。重新招标后仍少于3个的,属于必须审批的海洋工程建设项目,报经原审批部门批准后可以不再进行招标;其他海洋工程建设项目,招标人可自行决定不再进行招标。

10.4.3.8 开标

(1)开标的时间和地点

开标应当在招标文件确定的提交投标文件截止时间的同一时间公开进行。开标地点应当为招标文件中确定的地点,开标应该在投标人代表到场的情况下公开进行,开标会应该有开标记录。

(2)废标的条件

投标或者投标文件属下列情况之一的,作为废标处理:

① 逾期送达的或者未送达指定地点的;

② 未按招标文件要求密封;

③ 无单位盖章并无法定代表人或法定代表人授权的代理人签字或盖章的;

④ 未按规定的格式填写,内容不全或关键字迹模糊、无法辨认的;

⑤ 投标人递交两份或多份内容不同的投标文件,或在一份投标文件中对同一招标项目报有两个或多个报价,且未声明哪一个有效(按招标文件规定提交备选投标方案的除外);

⑥ 投标人名称或组织结构与资格预审时不一致的;

⑦ 未按招标文件要求提交保证金的;

⑧ 联合体投标未附联合体各方共同投标协议的。

10.4.3.9 评标

评标过程分为评标的准备与初步评审工作、详细评审、编写评标报告等过程。评标结束应该推荐中标候选人。评标委员会推荐的中标候选人应当限定在1~3人,并标明排列的顺序。

10.4.3.10 中标

（1）确定中标人的时间

评标委员会提出书面评标报告后，招标人一般应当在 15 日内确定中标人，但最迟应当在投标有效期结束日前 30 个工作日内确定。

（2）发出中标通知书

招标人和中标人应当自中标通知书发出之日起 30 日内，按照招标文件和中标人的投标文件订立书面合同。

中标人应按照招标人要求提供履约担保，招标人也应当同时向中标人提供海洋工程款支付担保。

招标人与中标人签订合同后 5 个工作日内，应当向中标人和未中标的投标人退还投标保证金。

（3）招标投标的书面报告

依法必须进行施工招标的项目，招标人应当自发出中标通知书之日起 15 日内，向有关行政监督部门提交招标投标情况的书面报告。

书面报告应包括下列内容：招标范围；招标方式和发布招标公告的媒介；招标文件中投标人须知、技术条款、评标标准和方法、合同主要条款等内容；评标委员会的组成和评标报告；中标结果。

10.4.4 深中通道招标示例

10.4.4.1 招标条件

深圳至中山跨江通道（以下简称"深中通道"）工程已由《国家发展改革委关于广东省深圳至中山跨江通道可行性研究报告的批复》（发改基础〔2015〕3007 号）批准建设，交通运输部以交公路函〔2017〕472 号文批复了本项目初步设计，广东省交通运输厅以粤交基〔2017〕1342 号文批复了本项目，项目发包人为深中通道管理中心（以下简称招标人），建设资金来自政府拨款及国内银行项目贷款，建设资金已落实。项目已具备招标条件，现对深圳至中山跨江通道剩余主体土建工程施工采用资格后审方式进行公开招标，特邀请有兴趣的潜在投标人（以下简称投标人）参加投标。

10.4.4.2 项目概况与招标范围

（1）项目概况

深中通道北距虎门大桥约 30km，南距港珠澳大桥约 38km。项目起于广深沿江高速机场互通立交，在深圳机场南侧跨越珠江口，西至中山马鞍岛，终于横门互通立交，与中开高速公路对接，通过中山东部外环高速与中江高速公路衔接，通过连接线实现在深圳、中山及广州南沙登陆。主体工程全长约 24.03km，项目采用设计速度 100km/h 的双向八车道高速公路技术标准。

（2）招标范围

本次招标范围为深中通道剩余主体土建工程施工，为桥梁工程类标，本次招标共四个标段，各标段招标范围如下：

桥梁工程类（S04 标、S05 标、S06 标、S07 标）。

本海洋工程项目计划通车时间为 2023 年 7 月，建设工期约 65 个月，具体开工日期以监理人签发的开工令为准，投标人须在满足本海洋工程项目通车目标要求的前提下，在综合报价中充分考虑各项费用。

（3）标段划分

本次招标为桥梁工程类标，共四个标段，见表 10-1。

表 10-1　四个标段主要内容

标类	标段	桩号	主要工程内容	投标人资质要求
桥梁工程类	S04	K12+838～K16+811	伶仃洋大桥主桥东塔、东锚碇，上游侧主缆架设，桩号里程范围内索鞍索夹、钢箱梁安装，猫道横向天桥、主桥伸缩缝、支座及阻尼器制作安装等，伶仃洋大桥东引桥（泄洪区桥梁）24×110m 桥梁下部构造施工	具有国家住房和城乡建设部核发的公路工程施工总承包特级资质；或公路工程施工总承包一级资质且桥梁工程专业承包一级资质
	S05	K16+811～K20+564	伶仃洋大桥主桥西塔、西锚碇，下游侧主缆架设，桩号里程范围内索鞍索夹、钢箱梁安装，猫道横向天桥、主桥伸缩缝、支座及阻尼器制作安装等，伶仃洋大桥西引桥（泄洪区桥梁）22×110m 桥梁下部构造施工	
	S06	K20+564～K28+068	浅滩区 89×60m 桥梁下部构造，万顷沙互通下部构造，中山大桥主桥，9×110m 引桥下部构造等施工	
	S07	K28+068～K29+668	1.6km 陆域段引桥，全线 60m（共 160 片混凝土梁）及 40m 桥梁梁板预制，全线 110m、60m、40m 梁板运输安装、桥梁梁板安装，临时航道开挖及维护等工程；其中，发包人有权根据与中开高速建设方的协议对 K29+228～K29+668 中 11 孔 40m 预应力混凝土小箱梁桥的施工进行切割	

10.4.4.3 投标人资格要求

(1) 本次工程招标要求的投标人应具备上述规定的施工资质,同时具有类似工程业绩,并在人员、设备、资金等方面具备相应的能力。

(2) 本次招标不接受联合体投标。

(3) 每个投标人可同时对多个标段进行投标,但最多只能中一个标,已被推荐为第一中标候选人的投标人不能再被推荐为其他标段的中标候选人。如果同一投标人在两个或以上标段中均排名第一,按照招标人最高投标限价金额从大到小的顺序推荐该投标人为金额最大标段的第一中标候选人。

(4) 与招标人存在利害关系可能影响招标公正性的法人,不得参加投标;单位负责人为同一人或者存在控股、管理关系的不同单位,或同一母公司的多家子公司(解释下同),不得参加同一标段投标或者未划分标段的同一招标海洋工程项目投标,否则按否决其投标处理。

(5) 如投标人被广东省交通运输厅最新一年度的公路工程从业单位信用评价等级评定为 AA 级,且按照招标文件格式中的《关于使用广东省信用评价等级的申请承诺书》要求提交使用等级申请承诺书,或被广东省交通运输厅通报表彰免资审且在有效期内的施工单位报名后,仍须购买招标文件,并按招标文件的规定,向招标人提供满足初步评审及资格审查最低要求(资质、业绩、财务能力、信誉、主要人员和机械设备)的投标文件,则直接通过资格审查。

10.5 国际海洋工程招标

国际海洋工程的招标主要包括两个部分,即国内海洋工程的招标、国外海洋工程的招标,其主体主要是不同国家或者是国际组织,因而在招标的过程当中虽然招标的流程基本上一致,但是由于涉及不同国家之间的合作交流,在实际的操作过程中会有很多不同的方面。因此,如何为国际海洋工程招标找出有关的对策是目前国际海洋工程招标工作的重点。

10.5.1 国际海洋工程招标的应用

(1) 国际招标在国际海洋工程承包中的应用

国际海洋工程项目的承包是国际海洋工程招标中的一种,在很多中型的国际海洋工程项目当中,招标者所招的标是把整个海洋工程项目的工程承包给其他企业来做,而这一企业可以是国内的也可以是国际的,在世界范围内进行海洋工程项目招标,以获取最适合的招标者来全权负责此项海洋工程的操作。由于承包意味着一个海洋工程项目交给一家企业来全面操作,因此相对来说风险性比较大,所涉及的问题也会比较多。承包所涉及的海洋工程项目一般属于中小型的海洋工程项目,而这种海洋工程项目在国际招标中的比例也相对较大,因此所占的地位也比较重要。

（2）国际招标在国际海洋工程分包中的应用

在国际海洋工程项目的招标过程中,分包的形式也很常见。因为很多国际海洋工程项目往往会比较复杂,所涉及的工程量比较大,单凭一家企业没办法在限定的时间内完成,所以需要分包给不同的企业来分别完成工程中的某一部分。因此,在海洋工程项目招标时会按领域的不同或技术的不同将企业的招标分成不同的几个方面,将一个海洋工程项目分包给不同领域、掌握不同技术的企业以获得最满意的效果。

（3）国际招标在国际海洋工程劳务承包中的应用

国际海洋工程的招标还包括另外一种形式,即劳务承包。在某些国际海洋工程项目中,往往会需要大量的劳动力资源,或者需要在某些领域中有相关技术经验的人,而通过招标的形式对具有劳动力资源的企业进行劳务的承包,可以达到满足海洋工程需要的目的。因此,劳务承包也是国际海洋工程招标中的一种重要形式,以其灵活性及可选择性而独具优势。

10.5.2　国际海洋工程招标中存在的问题

（1）对国际海洋工程的招标及招标形式不适应

国际海洋工程的招标与国内有一定的差别,因此会因对国际招标形式不了解、不适应而出现相关的问题。这主要体现在两个方面:

① 很多国内的企业,已经熟悉了国内招标的诸多模式,因此,在国际海洋招标的过程中,不能很好地转变自己的思维观念,将国内的招标思路强加于国际海洋招标的过程中,以至于在招标时不能找到合适的承包企业。

② 在国际海洋招标的过程中,很多国内的企业存在盲目自大的现象,在不了解国际海洋工程项目承包状况的情况下盲目地进行价格上的竞争,而在招标成功后对承包的海洋工程又没有足够的能力去保质保量地完成,以至于在最终的合作中不仅得不到应有的利益而且丧失信誉。

（2）招标及招标的实际操作人员能力不足

① 在国际海洋工程项目招标的过程中,因为文化及技术的差异,操作人员不能够全面地了解投标企业的相关人员所具备的技术水平能否达到自己的要求,从而出现在招标的过程中盲目选择投标企业,从而致使工程最终效果达不到要求。

② 在国际海洋工程招标的过程中,因为国际海洋工程项目所涉及的范围相对较广,所以需要招标人员所具备的专业知识较强,而且知识所涉及的范围也相对比较广。但实际招标人员知识储备不够全面,因而会出现招标不利或失败的状况。

③ 国际海洋工程招标的过程中,需要熟悉国际工程操作的基本规范,而相关的人员往往不具备这方面的知识储备,从而导致差错的产生。

（3）招标的工作人员对国际海洋工程的实施过程了解不全面

在国际海洋招标的过程中,往往还会出现实际招标的人员对国际海洋工程操作流程不了解的情况,尤其是在国际海洋工程招标的过程中,往往会出现招标时的出价非常合理,但是最终却因为工程的完成情况达不到要求或者工程实施过程中出现相关的差错而影响最终的工程施工效果。这主要是因为参与招标的人员虽然对招标的技巧及出价策略了解得比较详细,却对国际海洋工程的相关海洋工程项目流程及实际施工过程了解不明确,以至于在实际的海洋工程项目执行过程中出现相关的差错,从而导致海洋工程项目最终不能够保质保量地完成,进而带来相关的经济及利益损失。

(4)招标或招标工作之前没有对海洋工程项目进行全面的调查

国际海洋工程项目的招标与国内海洋工程项目的招标所面对的企业属性不同,因而流程也有所区别。因此,在投标报价之前先要经过一定的调查,通过调查来了解对方相关行业的市场行情、所要进行招标的企业发展状况、招标海洋工程项目的现场勘查等,但是在实际的操作过程中,往往会存在招标企业不去详细了解所投企业的市场状况及所投工程的现场状况的情况。

10.5.3 国际海洋工程招标的对策分析

(1)全面了解、适应国际市场的投招标形式

在进行国际海洋工程招标之前,要充分对国际海洋招标形式进行了解,并尽量做到去适应国际海洋招标的形式,这主要需要国内的招标企业做到两点:

① 充分了解国际招标的形式,在国内固有的招标模式基础上,找出国际招标与国内招标的不同之处,按照国际海洋工程招标的思路去进行招标或招标,以保证自己在招标的过程中不被国内固有思维模式所牵绊。

② 要充分认清国际海洋工程招标的形式,不要出现盲目自大、不合理出价的状况,要在适应国际海洋工程模式的基础上,进行合理的要价及出价。同时,注意量力而行,确保保质保量地完成所有的海洋工程项目,以保障自身的企业信誉。

(2)加强招标人员的能力素质培养

国际海洋工程招标的过程中,招标人员的能力素质不能够满足招标工作的需要是导致国际海洋行业招标失利的重要原因。因此,必须加强招标海洋工程项目参与人员的能力及素质培养,主要包括以下几个方面:

① 加强对海洋工程人员及招标人员在国际海洋工程所需相关技术方面的培养,以便于在招标的过程中,能够了解国际海洋工程所需的技术要求,从而更加合理地制定出价策略,以便最终顺利中标。

② 不断拓展招标工作人员对国际海洋工程所涉及不同领域内的知识,以适应国际海洋工程对不同领域专业人员的选择,从而更好地对招标过程中的出价策略进行设计,以达到最终合理中标的目的。

③ 加强招标的人员对国际海洋工程招标操作流程相关知识的学习,以更加规范地在海洋工程招标过程中进行相关的操作,从而保障招标工作的顺利实施。

（3）招标人员在执行相关的工作之前要全面了解所负责的海洋工程实施的全过程

国际海洋工程的招标工作人员虽然对招标的出价策略非常了解，但是却对海洋工程的实际实施过程了解不够全面。因此，即便是招标工作人员，也要对国际海洋工程的施工流程进行全面的了解。一方面，保障在招标的过程中，在合理的出价范围内，能够找到与自己所需企业最契合的投标者；另一方面，在招标的过程中，也能够根据自己企业的实际情况进行招标及出价，以保证在中标之后能够没有任何差错地保质保量地完成整个海洋工程项目。

（4）对招标海洋工程进行全面的调查，制订详尽的方案

在国际海洋工程招标的过程中，没有对对方的海洋工程项目进行全面的调查，从而导致盲目出价及制订方案不切实际等状况的发生。因此，在对国际海洋工程项目进行招标的过程中，应对对方的海洋工程项目进行详细的了解，并根据实际情况进行出价，项目方案也要根据海洋工程项目的特点及施工流程进行详尽的制作，以保障所招标的海洋工程项目能够在自己企业的能力范围之内，并且在海洋工程项目实施之前就已经对海洋工程项目的整体流程有了明确的方案指导，进而保障海洋工程项目的顺利施工，以达到没有质量及期限问题的目的。

10.5.4　国际海洋工程招标发展前景

随着国际交流的深入，国际国内的资源优势不均衡。国际海洋工程的招标在解决国内资源不足的同时充分地利用了国际资源的优势，但在实际的操作中相关问题的存在无疑是阻碍国际海洋工程项目招标顺利开展的绊脚石。通过对目前国际海洋工程招标中的问题进行全面的分析，找出国内海洋工程招标存在问题之外的其他特殊问题，并根据这些问题所产生的原因寻找出相应的解决对策，必定会使国际海洋行业招标工作开展得越来越好，也为国际资源优势互补提供了有效的途径。

【小结】

本章主要介绍了海洋工程项目采购的基本内容，包括含义、分类、原则、程序和内容；而后介绍了海洋工程项目采购管理的相关内容，例如，采购计划的编制、海洋工程项目招投标管理的相关条例及内容等；分析了未来我国海洋工程项目采购管理方式的发展趋势，为海洋工程项目采购管理提供了发展改进的经验。

【关键术语】

采购（purchasing）：企业在一定的条件下从供应市场获取产品或服务作为企业资源，以保证企业生产及经营活动正常开展的一项企业经营活动。

海洋工程项目采购（project procurement）：为达成海洋工程项目范围的工作而从执行组织外部获取货物和服务的各种过程。

海洋工程项目集成交付（integrated project delivery，IPD）：一种海洋工程项目交付方

法,即将人员、系统、业务和实践整合到一个流程中,所有参与者充分利用智慧和实践经验,在海洋工程项目所有阶段优化、改善建造流程,通过减少浪费为海洋工程项目增加价值,最大限度地提高海洋工程项目整体效率与价值。

【讨论与案例分析】

【案例10-1】 深中通道采购管理案例研究

深中通道海洋工程项目是国务院批复的《珠江三角洲地区改革发展规划纲要(2008~2020年)》中确定的建设开放的现代综合运输体系中的重大基础设施海洋工程项目。其中深中通道被编为G2518国家高速公路,是连接广东省深圳市和中山市的大桥,是世界级超大的"桥、岛、隧、地下互通"集群海洋工程,路线起于广深沿江高速机场互通立交,与深圳侧连接线对接,向西跨越珠江口,在中山市翠亨新区马鞍岛上岸,终于横门互通。全长24千米。

为了规范深中通道主体海洋工程设计及建设阶段深中通道管理中心与各参建单位的管理行为,制定了《深中通道管理中心海洋工程管理制度》,其中海洋工程项目物资采购管理制度如下:

(1)承包人应充分考虑本办法各程序所需的审查审批时间要求,合理安排工作计划,做好物资设备采购管理与主体海洋工程施工的衔接、协调、配合工作,由此引起的主体海洋工程施工的延误由承包人自行负责。

(2)采购程序由承包人根据相关法律法规及本单位的规定并经管理中心同意后自行组织,采购结果报监理人、管理中心审批,经管理中心批复同意后的材料、设备方可使用,管理中心对采购程序、招标评选文件及结果拥有最终决定权和否决权。管理中心有权视情况参与调研、派员对采购过程进行监督、抽查采购过程资料等。

采购结果申报文件至少应包括以下内容:

① 拟采购物资设备名称、需求量及使用范围;

② 对物资设备供应商的市场调研(调查)情况;

③ 选择该供应商的程序或理由;

④ 拟确定的各供应商资质、业绩、财务能力、产品质量、供应能力等其他证明其位于同类行业前列的依据材料;

⑤ 依据综合实力确定的优先顺序排名。

(3)采购结果报备无异议后,承包人应与供应单位签订合同。甲控物资设备供应合同签订后5个工作日内报监理人备案(一副本)和管理中心备案(一正本二副本)。

(4)如承包人选定的供应单位因供应的规格、数量等不能满足海洋工程所需,需要更换供应单位时,只能更换为经监理人审批的备用品牌或供应商,并应事先取得监理人和发包人的书面同意,在办理有关手续后更换,但不因此免除承包人的责任。

(5)凡需报管理中心(监理人)审查审批(或备案)的各类文件,对资料齐全、符合质量要求的文件,管理中心(监理人)应在收到文件起10个工作日内予以审查审批(或备案);管理中心(监理人)未能在此时间要求内完成审查审批(或备案)的,视为管理中心(监理人)同意,比选工作可进入下一程序。

(6)凡需报管理中心(监理人)审查审批(或备案)而承包人未办理有关手续的,或未经管理中心(监理人)审查审批(或备案)而承包人直接选定供应商或签订物资设备供应合同的,视为承包人违约行为,按相关合同文件规定处理。

(7)管理中心有权根据需要对涉及外观需要统一、今后需要维护保养、全线资源需要统一配置的物资设备组织各承包人统一采购。如多个标段一起统筹采购,管理中心根据承包人申报的甲控采购计划,协调各承包人比选采购计划,合理划分物资设备清单,协调确定比选牵头单位,承包人应予积极配合。

(8)对于海洋工程施工所需的地材(碎石、砂),承包人可自行决定采购方式,但在采购工作开展之前至少28天应将供应方案(包括采购的品种和数量、供应商名单、选择该供应商的理由、质量证明文件、供货计划等)报监理人和管理中心审查,管理中心有权根据实施情况予以调整,并具有最终否决权。

(9)对于除甲控物资设备和海洋工程地材(碎石、砂)之外的其他物资设备,承包人应将各项物资设备的供应商及品种、规格、质量证明文件、数量和供货计划等报监理人和管理中心备案。承包人在确定物资设备采购品牌或供应商时,应根据质量、服务等综合因素同时选定主选品牌或供应商、备选品牌或供应商。

参 考 文 献

[1]　张云,宋德瑞,张建丽,等.近25年来我国海岸线开发强度变化研究[J].海洋环境科学,2019(2):251-255.

[2]　王钎宇.探讨海洋工程项目管理的特点与细节控制[J].当代化工研究,2018(11):189-190.

[3]　赵真.海洋工程项目管理的特点和细节控制[J].中国设备工程,2018(4):220-221.

[4]　张耀光.中国海洋经济地理学[D].南京:东南大学出版社,2015.

[5]　王泽宇,远芳,徐静,等.海洋资源空间异质性测度及其与海洋经济发展的关系[J].地域研究与开发,2018,181(3):19-24,35.

[6]　贾宇.关于海洋强国战略的思考[J].社会科学文摘,2018(8):5-7.

[7]　盖美,马丽.中国海洋资源效率时空演化及其驱动因素[J].资源开发与市场,2019(3):318-323.

[8]　江涛.国内工程总承包海洋工程项目经理应具备的素质分析[J].中国勘察设计,2018(7):96-97.

[9]　赵芬,黄明知.施工海洋工程项目经理忠诚度影响因素初步研究[J].人力资源管理,2015(12):238-239.

[10]　杜剑秋.基于铁路施工项目的组织与团队建设研究[D].绵阳:西南交通大学,2015.

[11]　中华人民共和国住房和城乡建设部.GB/T 50358—2017:建设项目总承包管理规范[S].北京:中国建筑工业出版社,2017.

[12]　薛飞宇,赵赛辉.探究BIM技术在桥梁工程全生命周期的实施路径[J].低碳世界,2019,9(4):240-241.

[13]　赵静.试论国际建筑工程招投标及对策分析[J].中国外资,2014(6):106-107.